文明高度取决于对火的利用程度

火推动着文明

Fire and the World Civilization

周芳德  编 著

西安交通大学出版社
XI'AN JIAOTONG UNIVERSITY PRESS

图书在版编目（CIP）数据

火推动着文明 / 周芳德编著 . -- 西安：西安交通大学出
版社，2017.9

ISBN 978-7-5693-0162-5

Ⅰ.①火… Ⅱ.①周… Ⅲ.①火—普及读物 Ⅳ.
① TQ038.1-49

中国版本图书馆 CIP 数据核字（2017）第 239170 号

书　　名	火推动着文明
编　　著	周芳德
责任编辑	王晓芬

出版发行　　西安交通大学出版社
　　　　　　（西安市兴庆南路 10 号　邮政编码 710049）
网　　址　　http://www.xjtupress.com
电　　话　　（029）82668357 82667874（发行中心）
　　　　　　（029）82668315 （总编办）
传　　真　　（029）82668280
印　　刷　　陕西天之缘真彩印刷有限公司

开　　本　　787mm×1092mm　　1/16　　印 张　12.75　　字 数　155 千字
版次印次　　2017 年 12 月第 1 版　　2017 年 12 月第 1 次印刷
书　　号　　ISBN 978-7-5693-0162-5
定　　价　　39.00 元

前　言

我想知道人类从野蛮进化到文明的每一阶段的历程。

——法国思想家　伏尔泰

当我们回望人类的起源，回望人类文明的进步，就可以明了火的利用和控制是文明进步的一个核心问题、一根主线。火的利用是人类最伟大的发明。250万年前，人类开始利用自然火，100万年前，人类开始控制火，10万年前，人类拿着火，走出非洲，向世界各地迁徙。今天，我们具有高度的物质水平，进入到高度文明发达的社会。所有这一切，正是有了火，能够控制火，人类才会加速进化到现代人，才会创造出今天这样的文明。如果我们不能控制火、利用火，那么我们的生活就与黑猩猩相差无几。

今天，我们试着了解和思考那些遥远的过去留下的痕记，去思考人类文明进步的意义。

古代哲人习惯把火作为物质世界的重要组成元素之一，如我国古代西周人就认为万事万物乃是先王以土与金木水火相杂而产生的，之后又演化出金木水火土五行相生相克的学说。古希腊哲学家赫拉克利特也从火的燃烧和熄灭过程创立了他独特的哲学观点，他把"活火"作为万物之始基，把宇宙比做一团永恒的"活火"，由此概括出物质世界的一些规律。他的继承者则提出水火土气四元素才是万物的始基。"火"对古代先哲哲学思想的不断丰富和发展发生了重大影响。

世界上各个民族中流传的关于火的神话都表达了人们对火的膜拜、敬畏。表示了人类获得火，才成为真正的人。

今天，奥林匹克圣火象征着光明、团结、友谊、和平、正义，表达了"同一个世界，同一个梦想"的理念；表达了全世界人们共同的体育运动精神；更快、更高、更强，表达了奥林匹克运动不断进取、永不满足的奋斗精神和不畏艰险、敢攀高峰的拼搏精神，体现出"团结、和平、进步"这个奥林匹克运动所追求的最根本的目标。

火是发出热和光的燃烧过程，是一个能量释放的过程。文明的发展高度取决于人们对火的利用程度。从广义上来说，火的利用就是能源的利用。

人类从树上下来到学会对火的利用经历了100多万年的漫长时间，火促进了人类大脑的进化，促进了身体的强健。

"我们都曾属于同一个祖先，仅仅是随着时间的流逝而被分离开来"。在10万年前，人类手里拿着石器和木棍，怀揣着火种，走出了非洲，走向了全世界，开始向着世界各地迁徙。如果没有火，如果不能控制火，要想从温暖的非洲大陆向欧洲、亚洲、美洲一些寒冷地区迁徙是不可能的。

人类是从古猿进化而来的，经历了古猿、能人、直立人、智人等阶段。从能人开始，火伴随着、促进着人类的进化。

从石器时代到原子能时代，人类对火的利用出现了一个又一个伟大的进程。人类从来没有停止过追求火的更高温度的脚步。更高的温度意味着更多的能源，更多的科学技术的发现和使用，文明的高度将越来越高。世界没有尽头，人类获取最高温度的努力也没有尽头。

回望人类从树上下来时害怕火、开始利用自然火，到今天能够得到4万亿摄氏度的温度这个历程，我们明白在未来，人类必将获得更高的温度、更强大的能量，人类必将具有更强大的能力。

限于作者水平，不足和错误之处难免，欢迎读者批评和讨论。

作者

2017年6月

目 录

1

一、火的神话

    火是人类最伟大的发现之一。这一伟大的发现，凝结在各民族火神的形象中。火给人类带来了光明和幸福，使人类文明得到了进步和发展，人们崇拜火，甚至把它视如神明，当作一种吉祥的象征。古人就是这样，他们对火有着特殊的感情，为它编织了神话，以此感谢和赞美火种来到人间。

    每个民族都有自己的神话，汉族人的神话是这样的：

    天上有个神叫伏羲，他看到人间生活得这样艰难，心里很难过，他想让人们知道火的用处。于是伏羲大展神通，在山林中降下一场雷雨。随着"咔"的一声，雷电劈在树木上，树木燃烧起来，很快就变成了熊熊大火。人们被雷电和大火吓着了，到处奔逃。不久，雷雨停了，夜幕降临，雨后的大地更加湿冷。逃散的人们又聚到了一起，他们惊恐地看着燃烧的树木。这时候有个年轻人发现，原来经常在周围出现的野兽的嚎叫声没有了，他想："难道野兽怕这个发亮的东西吗？"于是，他勇敢地走到火边，他发现身上好暖和呀。他兴奋地招呼大家："快来呀，这火一点不可怕，它给我们带来了光明和温暖！"这时候，人们又发现不远处被烧死的野兽，发出了阵阵香味。人们聚到火边，分吃烧过的野兽肉，觉得自己从没有吃过这样的美味。人们感到了火的可贵，他们拣来树枝，点燃火，并把火种保留起来。每一天都有人轮流守着火种，不让它熄灭。但是有一天，值守的人睡着了，火燃尽了树枝，熄灭了。人们又重新陷入了黑暗和寒冷之中，痛苦极了。大神伏羲在天上看到了这一切，他

图 1　取火者：燧人

来到最先发现火的用处的那个年轻人的梦里，告诉他："在遥远的西方有个遂明国，那里有火种，你能够去那里把火种取回来。"年轻人醒了，想起梦里大神说的话，决心到遂明国去寻找火种。年轻人翻过高山，涉过大河，穿过森林，历尽艰辛，最后到了遂明国。但是那里没有阳光，不分昼夜，四处一片黑暗，根本没有火。年轻人十分失望，就坐在一棵叫"遂木"的大树下休息。突然，年轻人眼前有亮光一闪，又一闪，把周围照得很明亮。年轻人立刻站起来，四处寻找光源。这时候他发现就在遂木树上，有几只大鸟正在用短而硬的喙啄树上的虫子。只要它们一啄，树上就闪出明亮的火花。年轻人看到这种情景，脑子里灵光一闪，他立刻折了一些遂木的树枝，用小树枝去钻大树枝，树枝上果然闪出火光，但是却着不起火来。

年轻人不灰心，他找来各种树枝，耐心地用不一样的树枝进行摩擦。最后，树枝上冒烟了，然后出火了。年轻人高兴地流下了眼泪。年轻人回到了家乡，为人们带来了永远不会熄灭的火种——钻木取火的办法，从此人们再也不用生活在寒冷和恐惧中了。人们被这个年轻人的勇气和智慧折服，推举他做首领，并称他为"燧人"，也就是取火者的意思。

中国神话中的火神

黄帝时候有个火正官，名叫祝融，他小时候的名字叫黎，是一个氏族首领的儿子，生成一副红脸膛，长得威武魁伟，聪明伶俐，但是生性火爆，遇到不顺心的事就会火冒三丈。那时候燧人发明钻木取火，还不大会保存火和利用火。但黎个性喜爱跟火亲近。因此十几岁就成了管火的能手。火到了他的手里，只要不是长途转递，就能长期保存下来。黎会用火烧菜、煮饭、还会用火取暖、照明、驱逐野兽、赶跑蚊虫。这些

图 2　火神祝融

本领，在那个时候是了不得的事。因此，大家都很敬重他。有一次，黎的父亲带着整个氏族长途迁徙，黎看到带着火种走路不方便，就只把钻木取火用的尖石头带在身边。一次，大家刚定居下来，黎就取出尖石头，找了一筒大木头，坐在一座石山面前"呼哧呼哧"钻起火来。钻呀，钻呀，钻了整整三个时辰，还没有冒烟，黎很生气，他嘴里喘着粗气，很不高兴。但是没有火不行，他只好又钻。钻呀，钻呀，又钻了整整三个时辰，烟倒是出来了，就是不起火。他气得脸子黑红，"呼"地站起来，把尖石头向石头山上狠狠砸去。谁知已经钻得很热的尖石头碰在石山上，"咔嚓"一声冒出了几颗耀眼的火星。聪明的黎看了，很快想出了新的取火方法。他采了一些晒干的芦花，用两块尖石头靠着芦花"嘣嘣嘣"敲了几下，火星溅到芦花上方，就"吱吱"冒烟了。再轻轻地吹一吹，火苗就往上蹿了。自从黎发现石头取火的方法，就再也用不着费很大工夫去钻木取火了，也用不着千方百计保存火种了。中原的黄帝知道黎有这么大的功劳，就把他请去，封他当了个专门管火的火正官。黄帝十分器重他，说："黎呀，我来给你取个大名吧，就叫祝融好了，祝就是永远，融就是光明，愿你永远给人间带来光明。"黎听了十分高兴，连忙磕头致谢。从此，大家就改叫他祝融了。

　　黄帝在位的时候，南方有个氏族首领名叫蚩尤，经常侵扰中原，弄得中原的人无法生活。黄帝就号令中原的人联合起来，由祝融和其他几个将领带着，去讨伐蚩尤，蚩尤人多势众，尤其是他的九九八十一个兄弟，一个个身披兽皮，头戴牛角，口中能喷射浓雾，好不威风。开始打仗的时候，黄帝的部队一遇上大雾就迷失方向，部队之间失去联系，互不相顾。蚩尤的部队就趁势猛扑过来，打得黄帝所部大败，一路向北逃到涿鹿才停下来。黄帝被蚩尤围在涿鹿，好久不敢出战。不久，因发明了指南针，他们就再也不怕浓雾了。之后祝融见蚩尤的部下都披兽皮，又献了一计，教自己的部下每个人打个火把，四处放火，烧得蚩尤的部队焦头烂额，慌慌张张地朝南方逃走。黄帝驾着指南车，带着部队乘胜向南追赶。赶过了黄河，赶过了长江，一直赶到黎山之丘，最后把蚩尤杀死了。祝融由于发明了火攻的战法，立了大功，黄帝重重地封赏了他，他成了黄帝的重要大臣。

黄帝的部队班回朝时，飘过云梦泽南边的一群大山。黄帝把祝融叫到跟前，故意问道："这叫什么山？"祝融答道："这叫衡山。"黄帝又问："这山的来历如何？"祝融又答道："上古时候，天地一片混沌，像个鸡蛋。盘古氏开天辟地，才有了生灵。他活了一万八千年，死后躺在中原大地之上，头部朝东，变成泰山；脚趾在西，变成华山；腹部凸起，变成嵩山；右手朝北，变成恒山；左手朝南，就变成了眼前的衡山。"刚刚说完，黄帝紧之后又问："那么，为什么名叫衡山。"祝融立刻答道："此山横亘云梦与九嶷之间，像一杆秤一样，能够秤出天地的轻重，衡量帝王道德的高下，因此名叫衡山。"黄帝见他对答如流，十分高兴，笑呵呵地说："好哇！你这么熟悉南方事务，我要委你以重任！"黄帝说："我就位以来，平榆罔，杀蚩尤，制订历法，发明文字，创造音律，编定医书，又有嫘祖育蚕治丝，定衣裳之制。此刻天下一统，我要奠定五岳：东岳泰山，西岳华山，南岳衡山，北岳恒山，中岳嵩山。从今以后，火正祝融镇守南岳。"

黄帝走了以后，祝融被留在衡山，正式管理南方的事务。他住在衡山的最高峰上，经常巡视各处的百姓。他看到那里的百姓经常吃生东西，就告诉他们取火，教他们把东西烧熟再吃。他看到那里的百姓晚上都在黑暗中摸着去，就告诉他们使用火松明。他看到那里瘴气重、蚊虫多，百姓经常生病，就告诉他们点火熏烟，驱赶蚊虫和瘴气。百姓们都很尊敬他。每年八月秋收以后，百姓成群结队地来朝拜他。大家说："祝融啊，我们人丁兴旺了，鸡鸭成群了，五谷丰登了。你给我们带来了这么多的好处，我们感谢你，我们要尊你为帝了。你以火施化，火是赤色我们就叫你赤帝吧！从此，祝融就被大家尊为赤帝了。"

正在大家安居乐业的时候，忽然电闪雷鸣，从中原地带来了震天动地的杀喊声。百姓们吓得不得了，都跑来问祝融是怎样一回事。祝融告诉他们说："这是共工和颛顼争帝位，打起来了。"他们打了很久，还是不分胜负，共工气得七窍生烟，纵身一跳，一头朝不周山上撞去。这不周山原来是一座不平凡的山，它撑住了天空，不让天垮下来；它系住了大地，不让大地倾斜。共工一头撞过去，只听得"轰隆隆"一阵巨响，火星飞溅，照亮了半天，撑天的柱子折断了，系住大地的绳索也绷断了。从此，天空向西北倾斜，日月星辰都往西北方向落下去。大地向东南倾斜，江河湖泊的水都往东南方向流过去。本来，南岳衡山这块天眼看也要垮下来了，这块地也一晃一晃地就要翻过去了。老百姓一个个抱着大树，攀着岩石，吓得哭起来了。祝融连忙使出自己的全身本领，像个大柱子一样撑住这个地方，天才没有垮，山才没有塌。唐朝有个诗人，特意写了这件事："东南地益卑，维岳资柱石。前当祝融居，上拂朱鸟翮。"之后，还有一个诗人也写道："地涌一峰秀，高撑南楚天。"祝融在南岳山上活到一百多岁才死去。百姓把他埋在南岳山的一个山峰上，并把这个山峰命名赤帝峰。他住过的最高峰，就叫做祝融峰。在祝融峰顶上，百姓们修建了一座祝融殿，永远纪念着他的功德。

希腊神话中的火神

希腊神话中说人类是普罗米修斯创造的，凡是对人有用的，能够使人类满意和幸福，他都教给人类。当时人类还很弱小，而森林

图3 普罗米修斯盗火　　图4 备受折磨的普罗米修斯

的野兽和在岩石上筑巢的猛禽都很强壮。狮子、老虎有利爪和坚牙、老鹰长着强健的翅膀，就连乌龟也有坚硬的外壳作保护。可人类却没有保护自己的有效武器。人类的这种处境，很让普罗米修斯心忧。于是他就恳求万神之王宙斯，希望他能赐给人类火种。可是，宙斯认为不能给人类太多的帮助，否则就无法统治人类，而且人类还会征服宇宙，直接威胁神的权威。在万般无奈的情况下，普罗米修斯只好带了一根空心的芦苇到奥林匹斯山去盗火种，引起了一场大火，终于把火种带给了人类。

有了火种以后，人们开始变得强壮起来，人类从地里挖出铁矿，用火炼成比狮子、老虎牙齿更坚韧的利器；借着动物怕火把野牛驯服，教他们犁田种地；人类用火还制造了许多东西。有了火，人类不再害怕寒冷和黑暗，也不再畏惧猛禽和凶兽；人类开始告别了茹毛饮血的日子，生活变得幸福和美好起来。

宙斯在天上看到人类一天天强壮起来，非常惊讶。当他发现人类已偷走了他用来照亮天空的火种后，便知道这是普罗米修斯的所为。他大发雷霆，命令力量和武力两个奴隶，把普罗米修斯牢牢地绑在荒凉的高加索的悬崖绝壁上，让非常凶残的老鹰用利爪尖嘴啄他。尽管如此，他还是没有屈服。后来终于出现了普罗米修斯的救星，那就是英雄赫拉克勒斯。当他来到高加索山，看到恶鹰在啄食可怜的普罗米修斯的肝脏时，勇敢地取出弓箭，把鹰一箭射落。然后他松开锁链，解放了普罗米修斯。

印第安人关于火的传说

在印第安人的民间故事中，有一个人类和动物联合起来从魔鬼手中夺取火的故事。世界上只有一点火，它归火神所有，可怜的印第安人没法得到火，直到有一天，一个叫"神射手"的男孩抓到一只狐狸。狐狸请求男孩释放自己，并告诉男孩到火神那里偷取火的计划。男孩和狐狸把树林里和草原上所有的动物召集在一起，安排各种动物和人类一起排成长长的队伍，进行接力跑，以避免被火神身边的老怪物把火种夺回去。松鼠和青蛙跑得慢，他们就只能待在家里。一切安排妥当后，狐狸和男孩相互掩护，最后从山洞里偷出火种，狐狸拿着火种拼命跑，当老怪物就快追上时，火种被传到男孩手中，之后是小熊、野牛，他们一个接一个地把火棍传给所有的动物，最后由兔子传到印第安人手中，但兔子被老怪物紧追不放，气力渐渐不支，这时候松鼠来了，兔子只好将火棍交到松鼠手中，松鼠不能长跑，只是从一棵树跳到另一个树上，一不留意，把自己的尾巴也给烧着了，它赶忙弯起尾巴灭火，由于用力过度，以致至今松鼠的尾巴都还向上弯着，不能复原。老怪物就在松鼠的下方等啊，松鼠没力气了，只好把火棍扔给青蛙，老怪物一把抓住青蛙的尾巴，青蛙使劲挣脱，结果尾巴被扯掉了。青蛙把火棍吞到肚子跳进水里，游过了池塘，然后吐给等在那儿的印第安人，从那天起，印第安人有了火，而松鼠的尾巴弯了，青蛙也掉了尾巴。火的到来真是不易啊。

　　这些神话有一个共同的特征，即人通过取得火并用火做饭，表明成了真正的"人"。从所有已知的人类古文明社会来看，控制火是人类共有，而且是特有的一种能力。在除人类以外的灵长目动物及其他动物身上，也发现过有使用语言和工具的初步行为，相比起使用工具和语言，用火更是为人类独有。

二、奥林匹克圣火

　　奥运会期间在主体育会场燃烧的火焰即是奥林匹克圣火，象征着光明、团结、友谊、和平、正义。

　　圣火起源于古希腊神话传说，相传古希腊神普罗米修斯为解救饥寒交迫的人类，瞒着宙斯偷取火种带到人间，古希腊在每届奥运会举行以前，人们都要在赫拉神庙前点燃圣火，现代奥运会创立后，

图 5　奥林匹克圣火

图 6 北京奥运会圣火成功采集 火炬传递开始

最初并没有沿袭这个传统，直到 1920 年在第 7 届安特卫普奥运会上，为悼念第一次世界大战中死去的人们，主办者在主会场点燃代表和平的火炬。1934 年，国际奥委会决定，在奥运会期间，从开幕到闭幕，主会场要燃烧奥林匹克圣火，并且火种必须采自希腊的古奥运遗址——奥林匹亚，并以火炬接力的形式传到主办城市。从此，圣火传递成为每一届奥运会必不可少的仪式。

1936 年，奥林匹克历史上首次举行激动人心的圣火接力仪式，火炬穿越希腊、保加利亚、南斯拉夫、匈牙利、奥地利、捷克斯洛伐克、德国 7 个国家，全程 3050 公里，共有 3331 人参加火炬接力，火炬所经过的城市都举行隆重的欢迎仪式，并设立专门的祭坛点火，声势浩大的火炬接力活动获得极大的成功，它不仅唤起世人对奥林匹克的热情，传播奥林匹克的精神，也为后来的奥运会树立了典范。

奥运会圣火通常于奥运会开幕前几个月在奥运会发源地——希腊奥林匹亚的赫拉神庙前点燃。圣火采集方式遵循古希腊的传统，由首席女祭司在奥林匹亚的赫拉神庙前朗诵致太阳神的颂词，然后通过将太阳光集中在凹面镜的中央，产生高温引燃圣火，这是采集奥林匹克圣火的唯一方式。整个过程庄严肃穆。圣火点燃后，火种置于一个古老的火盆中由首席女祭司带到古代奥运会场内的祭坛，向在那里等待的人们展示圣火，点燃第一名火炬手手中的火炬。随后，开始它前往奥运会举办城市的行程。

在古代奥林匹克运动会举办地——奥林匹亚，圣火一直在赫斯提女神（希腊神话中的女灶神）祭坛前的城市公共会堂中静静地燃烧。这里的圣火同样是通过使用凹面镜汇聚阳光采集而成，它还被作为火种去点燃其他神圣场所的圣火。每当奥林匹克祭典运动会举行之前，伊利斯城邦便要选派经过严格挑选的三名纯希腊血统的运动员，在宙斯神殿的"圣火坛"前，接过希腊少女经过宗教仪式点燃的太阳火炬，并高擎火炬，跑遍希腊全境各个城邦，传渝"神圣休战"的告示。于是火炬便成了一道无声而不可抗拒的命令，以至高无上的权威令人们肃然起敬。所到之处，人们无不服从，即使剑拔弩张的地方、激烈交战的城邦也不得不罢戈息兵，听令火炬所带来的训示。当火炬来到奥林匹克时，古代奥运会便在"圣火"中宣布开幕。按照神示，这"圣火"一直要等到运动会结束时才能熄灭。这便是现代奥林匹克运动会开幕式上点燃"圣火"仪式的渊源。

2008年，奥运圣火首次在中国点燃，毫无疑问，北京奥运圣火的"和谐之旅"是奥运历史上规模最大、参与人数最多的一次环球之旅。在国内

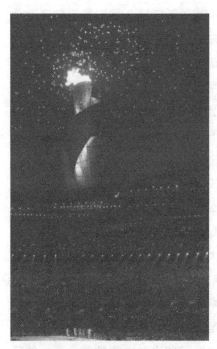

图7　奥林匹克圣火在北京
　　奥运会上熊熊燃起

奥运火炬传递路上的每个城市、乡村，都处在盛大的节日之中，激动人心，感动人心的故事比比皆是，全国人民空前一致地心情火热、兴奋、快乐。在国外，从阿拉木图的融融春色、伦敦巴黎的料峭春寒、布宜诺斯艾利斯的激情探戈，到达累斯萨拉姆的瓢泼大雨、马斯喀特的炎炎烈日和茫茫夜色，在种种极限状态下发生了无数感人肺腑的故事。北京奥运会的口号——"同一个世界、同一个梦想"贯穿了全程。圣火每到一处均受到当地民众的热烈欢迎。在阿拉木图，三十万人自发走上大街恭迎圣火，整个城市处于空前盛大的节日气氛之中；在圣彼得堡，七十万居民涌上街头，熊熊燃烧的圣火让他们忘记了春寒料峭；在布宜诺斯艾利斯，上演了数万群众追随圣火的壮观场面；在马斯喀特，一群孩子为了能亲眼目睹首次造访海湾地区的奥运圣火，呼朋结伴步行 6 公里赶到山里的传递路线等候圣火的到来。看到这些热情的观众，北京奥运会火炬接力运行团队一次又一次感慨："圣火让我们感受到她强大的魅力、凝聚力和号召力。"

三、地球的起源

　　在了解人类文明发展历程中，我们先要了解地球是怎么起源的？这样，我们可以从地球起源开始，一步步地对文明发展的历程加以认识。

　　地球的起源：

138 亿年前	篮球那么大的宇宙发生了大爆炸，宇宙诞生；
110 亿年前	类星体形成；
66 亿年前	银河系发生大爆炸；
46 亿年前	太阳系、地球诞生；
38 亿年前	地球上形成了稳定的陆块和海洋；
35 亿年前	出现了微生物；
28 亿年前	第一次冰河期；
21 亿年前	造山纪；
6.3 亿年前	新元古代，埃迪卡拉纪，多细胞生物出现；
5.4 亿年前	显生宙，古生代，寒武纪，生命大爆发；
5 亿年前	古生代，奥陶纪，原始的脊椎动物出现；
4.4 亿年前	志留纪，陆生植物和有颌脊椎动物出现；

3 亿年前　　　地球上 95% 生物灭绝，盘古大陆形成；

2.5 亿年前　　恐龙出现；

1 亿年前　　　地球上 45% 生物灭绝，有胎盘的哺乳动物出现；

6500 万年前　恐龙突然消失，迎来了延续至今的新生代；

800 万年前　　人猿出现；

500 万年前　　人出现；

250 万年前　　旧石器时代出现；

1 万年前　　　新石器时代出现。

图 8　宇宙星空

我们对宇宙的了解仍然还很少。我们知道宇宙处在不断运动和发展中，在时间上没有开始，也没有结束，在空间上没有边界，也没有尽头。宇宙是由空间、时间、物质和能量所构成的统一体。目前比较流行的是大爆炸理论。根据大爆炸宇宙模型推算，宇宙年龄大约为 138.2 亿年。

一般认为，宇宙产生于 138 亿年前一次大爆炸中。大爆炸后 20 亿～ 30 亿年，类星体逐渐形成。大爆炸后 90 亿年，太阳诞生。38 亿年前地球上的生命开始逐渐演化。

大爆炸散发的物质在太空中漂游、重新组成新的物体，即许多巨大的恒星星系。我们的太阳就是这无数恒星中的一颗。宇宙中星系间距离非常非常遥远，都在几千至几亿光年之远（光年是个距离单位，是光以 30 万公里 / 秒的速度行走一年的距离。在夜晚，当你抬头看到星星闪亮时，它的光至少是在几十、几百年前所发出的光）。我们居住的地球是太阳系的一颗大行星。太阳系一共有八颗大行星：水星、金星、地球、火星、木星、土星、天王星和海王星。除了大行星以外，还有 60 多颗卫星、为数众多的小行星、难以数计的彗星和流星体等。它们都是离我们地球较近的、是人们了解较多的天体。那么，除了这些以外，茫茫宇宙空间还有一些什么呢？

在夜空，我们用肉眼可以看到许多闪闪发光的星星，他们绝大多数是恒星，恒星就是像太阳一样本身能发光发热的星球。我们银河系内就有 1000 多亿颗恒星。恒星常常爱好群居，有许多是成双成对地紧密靠在一起的，按照一定的规律互相绕转着，这称为双星。还有一些是 3 颗、4 颗或更多颗恒星聚在一起，称为聚星。假如是十颗以上、甚至成千上万颗星聚在一起，形成一团星，这就是星团。银河系里就发现 1000 多个这样的星团。

浩瀚宇宙为天文学家的观测和研究提供了无限可能。谁能想象，璀璨星空正在不断远离我们，终有一天会在我们眼中消失？然而，诺贝尔奖获得者布莱恩·施密特指出，这就是正在发生的事实——物质与物质之间的空间正在加大。这意味着大概百亿年后的未来，绚烂的星用肉眼再难观测到，黑夜将一片空寂，大概 1000 亿年之后，除了我们所在的银河系，所有星系都将相距遥远，各自飘离，人们看到的宇宙将空无一物。

人类的认知只能是越来越远，对宇宙的认知也会越来越深刻。希望在不久的将来，人类能搞清楚宇宙的全貌和宇宙中越来越多的秘密。

要记住仰望星空，而不是只关注你的脚下！试着了解你所看到的，并思考宇宙存在的意义。要保持好奇心，最重要的是永远不要放弃探索与求知。

图 9　地球

从这个地球演变时间表里，我们知道地球的大致演变时间，知道生物和人类的进化时间，这是以亿万年、千万年和百万年为单位的演变时间。我们人，可能，也只可能是宇宙里的尘埃演变而来，是几十亿年极其缓慢地进化而来。800 万年前，人猿出现。250 万年前，人类开始进入旧石器时代，开始了火的使用和控制，自那时起，文明就以快速的步伐向前推进，直至现在。

四、东非大裂谷

所有的人都应该记住东非大裂谷这个地方，因为人类的祖先是在这里从古猿进化成现代人，再走向世界各地的。

大约在 1200 万年前，地壳运动使非洲东部的大地上形成一条大裂谷，这是地球大陆上最大的断裂带。那时候，这一地区的地壳处在大运动时期，整个区域出现抬升现象，地壳下面的地幔物质上升分流，产生巨大的张力，正是在这种张力的作用之下，地壳发生大断裂，从而形成裂谷。由于抬升运动不断地进行，地壳的断裂不断产生，地下熔岩不断地涌出，渐渐形成了高大的熔岩高原。高原上的火山则变成众多的山峰，而断裂的下陷地带则成为大裂谷的谷底。这条裂谷带位于非洲东部，南起赞比西河的下游谷地，东支裂谷是主裂谷，沿维多利亚湖东侧，向北穿越坦桑尼亚中部，经肯尼亚以及埃塞俄比亚高原中部的阿巴亚湖、兹怀湖等，继续向北直抵红海，再由红海向西北方向延伸，抵约旦谷地，全长近 6400 公里。

大裂谷的出现把非洲分为东方和西方两个独立的生态区域，大裂谷成为人和猿分道之地。大裂谷之西依然是茂密湿润的树丛，猿类不需要作出太大的变动就可以继续适应改变不大的环境，因此，它们直到现在仍处在猿类的阶段，如大猩猩等。大裂谷以东由于地壳变动，环境变化很大，降雨量减少，林地消失，继而出现了草原，大部分不适应环境的猿类因而灭绝，只有一小部分的猿类适应了新环境，学会在平地上活动、食用草类，避开了灭绝的危机。大约500万—800万年

图 10 东非大裂谷的河谷地

图 11 东非大裂谷的草原

前，有些类似黑猩猩的猿类物种在雨林周围与稀树大草原连接地带成功地进化成南方古猿。研究发现表明人类与其他动物的分界点是在 500 万—800 万年前（这些证据暗示黑猩猩是我们最近的亲戚），人科动物的历史从此开始。

东非大裂谷是人类文明最古老的发源地之一。20 世纪 50 年代末期，在东非大裂谷东支的西侧、坦桑尼亚北部的奥杜韦谷地，发

现了一具史前人的头骨化石,据测定分析,生存年代距今有200万年。1972年,在裂谷北段的图尔卡纳湖畔,发掘出一具生存年代已经有290万年的头骨,与现代人十分近似,被认为是已经完成从猿到人过渡阶段的典型的"能人"。1975年,在坦桑尼亚与肯尼亚交界处的裂谷地带,发现了距今已经有350万年的"能人"遗骨,并在硬化的火山灰烬层中发现了一段延续22米的"能人"足印。这说明,早在350万年前,大裂谷地区已经出现能够直立行走的人,他们属于人类最早的成员。

东非大裂谷地区的这一系列考古发现证明,非洲实际上是人类文明的摇篮之一。在人类起源的问题上,很多科学家支持"非洲起源说",即生活在世界各地的现代人类的祖先在大约20万年前起源于非洲,然后在10万年前离开非洲,向亚洲、欧洲和美洲迁徙。

五、人类的起源

　　说到人类的起源，还是要从很早很早以前说起。一个半世纪以前，人们第一次在德国的尼恩迪尔山谷发现了早期的人类遗址，并由此走上了科学界寻找人类最早祖先的不懈探索之路。人类如何进化，如何改变，全要靠寻找包含着人类遗骨的化石来分析了解。寻找人类化石本身是一件非常艰难、非常漫长的工作。

1. 南方古猿

　　3300万—2400万年前，从已有的猴子（狭鼻次目）中产生了猿。埃及发现的最早的古猿原上猿（3000万年以前）和埃及猿（2600万—2800万年以前）已经具有类人猿的一些性状；稍晚后的古猿化石还有森林古猿（2300万—1000万年前），其分布范围较广，在亚洲、欧洲、非洲均有所发现。东非的原康尔修尔猿（1300万—1200万年前）是人类和非洲猿的祖先。这些古猿都栖息在森林里，四肢行走，属于攀树的猿群。在约1000万年前至约380万年或

200多万年前，出现了南方古猿。在探索人类最早祖先的艰辛道路上，属于南方古猿的汤恩男孩与露西是值得人们记住的，他们是进化史上具有特别重要意义的化石。

图 12 漫长的人类进化历程

图 13 从南方古猿到智人的进化

2. 汤恩男孩

最早的南方古猿化石发现于 1924 年。当时，澳大利亚人达特前往南非，在约翰内斯堡的一所大学任解剖学教授。他对化石非常感兴趣，经常鼓励他的学生在课余时间去寻找化石。他还叮嘱附近采石场的场主，如果有化石发现一定要来告诉他。后来，采石场的场主真的给他送来了两箱化石。达特先生在里面找到了一个小孩的不完整的头骨。因为这个头骨发现于汤恩附近的采石场，因此被命名为汤恩男孩。

根据牙齿情况，汤恩男孩被认为大概生活在 200 万年前，他大概是在 3 岁多死亡的。汤恩男孩和猿有一些相似的特征，比如脑袋很小，嘴巴向前突出。但他也有一些人的特征，吻部较之于猿类已经不那么突出，研磨食物的臼齿咬合面平整，齿尖不发达，犬齿小。

图 14 汤恩男孩

更让人惊喜的是，汤恩男孩的枕骨大孔的位置已经接近于头骨底部中央。达特据此推测，汤恩男孩已经能够直立行走。该化石所属个体是与现代人最相近的猿类。由于发现于非洲最南部，因此汤恩头骨所属个体物种被命名为南方古猿非洲种。

但可惜的是，虽然达特先生认为汤恩男孩属于人类，而在当时，人们不承认自己的祖先是古猿，而且，由于种族歧视，他们也不愿意承认人类发源于非洲这块贫瘠的土地。所以，在当时，汤恩男孩在人类进化上的地位并没有获得承认。但是，它毕竟填补了类人猿与人之间缺失的环节，开启了古人类学的新时代。多年来，科学家一直希望弄清楚这个生活在距今 200 多万年前的老祖宗怎么会在 3 岁半就早早夭折了。2006 年，南非约翰内斯堡金山大学古人类学家伯杰和他的同事克拉克在一次科学研讨会上宣布，他们已经发现了"汤恩幼儿"丧命鹰爪的确凿证据——在头骨眼窝的底部，有一个小洞和几条锯齿状的裂缝，这是非洲冕雕"作案"的典型特征。冕雕至今仍盘旋在非洲大陆上空。头骨，从 1924 年被发现以来的 80 多年中，曾有近 30 位科学家有机会研究这个珍贵的化石，但从没人发现这一隐藏在眼窝深处的秘密。"汤恩之死"谜团的破解对于研究人类进化也有着重要的意义，这说明人类当时的天敌不仅有走兽，还有飞禽。伯杰在研讨会上表示："这个发现让我们了解到人类远祖当时的生活，他们生活的环境和他们所害怕的动物……人类曾经被禽类所猎食，这推动了人类行为的改变。"专家们猜测，人类之所以要尝试直立行走，有一部分原因是想把自己这个目标变小，好躲避大鸟们的视线，或扩大自己的视野，以便尽快发现来袭的敌人。而人类开始群居也可能与这些猛禽有关，因为猛兽总是习惯捕捉最弱小的猎物。当人们聚集在一起时能够集中防范猛兽的袭击，以发挥集体的力量。

随后，一直到 20 世纪 50 年代，陆续在南非德兰士瓦、克罗姆德莱等五处一共发现了 70 多件类似化石，逐步确立了南方古猿作为早期人类祖先的地位。

南方古猿处于从猿向人的转变过程。南方古猿失去了一些猿的特征，如尖锐的牙齿和锐利的爪子；他们的生活环境发生了改变，即从树栖的丛林生活来到了地面上生活。在那个时候，与其他凶猛的动物比起来，南方古猿处于弱势，因为他们没有其他动物的利爪和尖锐的牙齿，两足又使他们跑动起来非常慢。所以，南方古猿的生存是非常艰难的。他们没有能力去追捕凶猛的其他动物，反而一不小心，很可能就成了其他动物的美食。基于此，有的科学家推测，南方古猿的生活方式可能为群体生活。他们组成一个集体，共同寻找食物，共同防止其他猛禽野兽的攻击。被发现的"古墓地"也证明了这一点。古墓地又被称为"第一家庭"，是美国人类学家唐纳德·约翰森率领的一支国际考察队在哈达地区发现的。古墓地里凌乱的埋葬着许多碎骨化石，至少有 13 个人以上，这些人中有男有女，有大人也有小孩，这是人类最早的集体生活的证据。这种场面的发生，可能是因为某种自然灾害，比如泥石流或山洪暴发突然来临，而这 10 多个人当时正在一起集体活动，来不及躲避，一下子被冲垮的土石淹没，埋藏在了一起，所以约翰森把他们称为"第一家庭"。

3. 露西（Lucy）

从已经发现的人类化石来看，人类进化经历了南方古猿、能人、直立人、智人阶段，而露西属于最早的人类——南方古猿。

20 世纪 50 年代后期，在非洲寻找人类化石的活动逐渐转移到东非大裂谷的埃塞俄比亚、肯尼亚和坦桑尼亚地区。从 60 年代开始，在埃塞俄比亚的哈达尔地区发现了大量的南方古猿化石，其中包括

图 15 南方古猿露西的生活

从约 350 万年前到 150 万年前的人科化石。1973 年秋天，由法国地质学家莫里斯·塔伊布、美国古人类学家，亚利桑那州立大学教授唐纳德·约翰森、英国考古学家玛丽·李奇、法裔古生物学家伊夫·柯本斯等科学家组成的国际阿法尔科学考察队来到位于号称"非洲屋脊"的埃塞俄比亚哈达尔地区，调查有关人类起源的化石和文物。1973 年 11 月，在第一轮实地考察接近尾声时，唐纳德·约翰森首先发现了一前端被略微切开的胫骨上段化石，随后其又在附近发现了股骨下端化石。通过将两段化石进行拼接，膝关节所成的独特角度表明该化石属于直立行走的原始人类。通过测定得知，该化石年龄超过三百万年，

图 16 人类学家为露西创作了各种富有想象力的复原图

远大于当时已知的任何一个早期人类标本，这让考察队激动不已。这一重大发现促使科考队在来年展开了新一轮实地考察。历时近一年后，1974 年 11 月 24 日上午，约翰森与来自加州大学伯克利分校的古人类学家蒂姆·怀特在阿瓦什河边的干旱平原上搜索两个小时一无所获。随着天气越来越热，科考队决定返回营地。就在上车前，不甘心的约翰森决定再到一个已经被其他队员搜索过的沟壑底部撞撞运气。最初，约翰森并未在沟壑中发现任何明显的化石痕迹。就在决定离开时，约翰森发现沟壑的斜坡上有一块肱骨的化石碎片，而紧接着他们又发现了一片颅骨化石碎片。随后，两人在一米外又发现了股骨。在同一地点有如此多的早期人类化石让两人激动不已，他们做好标记后匆匆返回营地。当天下午，科考队全体成员来到该沟壑，对发现地开始进行发掘采集。最终科学家找到的化石样本占到完整骨骼的 40%。在一天晚上的庆功宴上，有人播放了甲壳虫乐队的新歌《露西与漫天钻石》，因此约翰森将这具骨骼化石命名为"露西"。随后测定得知，露西生活在距今 340 万年以前，这是截至当时发现的最古老且保存最为完整的早期人类化石。不过约翰森还是为露西代表的物种起了个学名："南方古猿阿法种"。

露西颠覆了科学界对人类演化的看法，露西直立行走的时代早于所有科学家心中认定的时期。露西的骨盆、股骨和胫骨，全都透露出一项清楚的信息，那就是尽管大小和身长都类似黑猩猩（其身高约 107 厘米，体重约 28 千克），其四肢和盆骨表明其有双足，可直立行走，也会爬树。但其和黑猩猩却采取完全两样的视角来看待世界。

露西的发现，是世界古人类史的里程碑，被认为是"人类祖母"，露西的后代通过直立行走，逐渐将双手腾出用于制造工具，最终踏上了向现代人类进化的道路，因此时至今日，露西仍是我们最著名的祖先之一。

4. 莱托里的脚印

大约就在约翰逊拼组露西骸骨之时，传奇人类学家玛丽·利基，即人类学家路易斯·利基的妻子，再次来到坦桑尼亚一处被称为莱托里的地方，那里有一片满覆尘土的平坦沙地，位于她和她丈夫十分喜爱的化石密集分布区奥杜威峡谷南方近 50 公里处。几十年来，两人都不曾回到莱托里，原因也相当合理。在他们较早几次来访时，这里都不曾有任何重大的化石发现。这次探察也没有挖到重要的骨头，然而探察时却找到了史上极其重要的散步记录：迤逦 25 米的三组足迹，完美地保存在一处夹杂泥土和火山灰的遗址当中。一开始，利基并没有认真地看待这项发现。这些印痕是在十分细薄的泥层底下找到的，乍看之下很是有趣，

图 17 莱托里的脚印

却也不是显而易见的重要发现。看起来倒像是几千年前，三个人散步穿越峡谷时留下的足迹。利基认为，附近隐约可见的萨迪曼山一

图 18 *南方古猿阿法种步行留下的足迹*

度是座活火山，或许曾喷发火山灰并形成一种混凝土，把这几位"旅人"的行程保存了下来。

1976 年，利基终于有时间为烙有印痕的岩石标出年份，结果让她大吃一惊。原来这次散步的时间并不是几千年前，而是发生在350 万年之前，比任何现代人漫游非洲的时间都更久远。换个说法，这些足迹显示当时有个物种，就像约翰逊的露西一样，用纯正的人类姿态直立行走。利基在多年之后坦承：就是在那个时候，我们激动地不得了！人类学家蒂莫西·怀特与约翰逊和利基都曾共事过，后来他表示，"可别搞错，（莱托里脚印）就像现代人的脚印。倘若其中一个留在当今加州的沙滩中，然后你问一个四岁孩子那是什么，他马上就会说，有个人从这里走过。他没办法分辨这个印痕和海滩上其他一百个脚印有什么分别，你也办不到"。利基的发现把双足行走人科祖先的年代更往前推进了，提前露西的时代达 40 万年。在这些发现之前，没有人能想到，在这么久远之前，竟然已经存在直立行走的猿类了。然而，这些证据就存在于露西的骨头以及利基发现的脚印里面：长了一个圆瘤状大脚趾的修长足部，撑起带有一双长臂的细小身躯，推动它们远离火山，朝着目的地前进。脚后跟已经延伸加长，脚趾并列生长，足弓则明确发育成形，能缓冲体重，并沿着外侧转移，再跨越大脚趾趾根部位，和现今我们的脚部位相同。

想象一下这幅令人难以忘怀的景象：这三个生物——其中两个已经成年，另一个还是小孩，从印痕看来，模样和现今在地球上生活的灵长类都不相同——结伴穿越一片平坦沙地，后方隐约可见萨迪曼山喷发滚滚炽热灰烬，撼动他们脚下的大地。然而，他们并没有惊惶地奔跑，或许早已见惯了暴躁的火山。脚印经过测量，看不出奔逃的迹象。事实上，他们的脚步印痕显示，其中一个还曾驻足暂停，转身向东观看那座嗔怒的火山，接着才又继续向前走去。没有人说得准这三个生物的长相。显然，他们平安度过了这趟旅程，继续在大裂谷这片变动不息的破碎地形上过他们的日子，因此我们并没有找到他们的遗骸。不过，他们的解剖学构造和露西相同，而且科学家大多也认为他们确是如此。远远地观看他们的步伐，甚至他们的身体，这种步态就像两个青少年和一个学步幼童举步穿过公园的样子。他们扭摆臀部的方式，已经非常接近人类的形态了。他们的体型很小，双腿并不呈弓形，而是内转撑在细瘦的骨盆底下。臀部以下的部位，和我们应该是非常接近的了。和现代人相比，南方古猿阿法种显得很矮小，男性身高大约 150 厘米，体重约 45 千克。女性更矮小，身高约 105 厘米，体重约 28 千克。

约翰逊和利基的发现，彻底颠覆了人类演化理论。露西还没有出现之前，科学家大多都很肯定，倘若我们的祖先和猿类表亲真有任何差异，那也应在双方的脑部，而非在他们的脚上。因为依据理论推断，是大脑促成了双足步行，反过来讲并不成立。然而，他们显然想错了。露西并没有一颗大脑袋，至少依照我们的标准看并不算大。从约翰逊和他的团队找到的颅骨碎片来看，其大脑容积约为

450 毫升，约略相当于现代的黑猩猩。然而，从露西的锁膝关节和短窄的骨盆看来，毫无疑义，其的确能挺直站立。

莱托里的脚印也明确地发出了相同的信息。我们的祖先开始直立行走的时代，比我们料想的要早，或许在我们这个种属从人类与黑猩猩的共同始祖分化出来之后一百万年就开始了。从演化观点来看，这只是眨眼的片刻，他们瞬间就从以指节行走、在林间攀爬的丛林猿类，转变成阔步前行、步履稳健的莽原猿类，而且走路方式已经和现代人类非常相近了。这很引人瞩目，却也令人费解。毕竟，这类动物怎么会这么快就挺直站起？还有这一切是如何发生的？

5. 能人

从地猿到南方古猿所代表的人的起源是一次进化史上的飞跃，它标志着人类家族与高等灵长类中的其他类群分化开来。接下去的一次飞跃是人类家族内部的飞跃：人科当中一类更接近我们的类群——人属，也就是能人，在大约 250 万年前的那段时间里出现了。

能人的形态特征比南方古猿进步但比直立人原始的古人类，是目前所知最早能制造石器工具的人类祖先。他们生活在距今约 200 万～ 175 万年前的东非和南非，考古时代相当于旧石器时代早期。一般认为能人后来可能进化成直立人。

1960 年，就在玛丽·利基 (1913—1996) 于坦桑尼亚的奥杜韦峡谷发现著名的"东非人"（即南方古猿鲍氏种）一年之后，她的大儿子乔纳森·利基（理查德·利基的哥哥）在奥杜韦峡谷发现了另一种类型人类的头骨骨片，还发现有与之相关的下颌骨、手骨以及其他的一些锁骨、手骨和足骨。这块头骨片相对较薄，表明这个个体比已知所有的南方古猿都要体格轻巧。其他的骨骼也证明这样的推测，尤其是颊齿较小。然而最为重要的是，这种新类型表现出他们的脑子要比南方古猿大出50%。又经过几年的发掘和研究，乔纳森和理查德的父亲、玛丽的丈夫路易斯·利基(1903—1972)下结论说，虽然南方古猿是人类祖先的一部分，但是这些新发现的化石却代表了最终将产生出现代人的那一支早期人类类型。因此，路易斯·利基把这个新类型命名为能人，作为人属的第一个早期成员。"能人"这一名称是达特向路易斯建议的，意思是"手巧的人"，因为推测发现于这个时代的工具就是他们制造的。

与能人化石一起发现的还有石器。这些石器包括可以割破兽皮的石片，带刃的砍砸器和可以敲碎骨骼的石锤，这些都属于屠宰工具。因此，可以说能够制造工具和脑的扩大是人属的重要特征。

人属的出现是人类家族诞生以后所发生的第一次最为重要的事件，是发生在人类家族内部的第一次进化上的飞跃。从最早的人属

图 19　能人

成员能人开始，人类才开始了以脑量飞速增加为最基本特征，并伴随有其他诸多方面进化的真正"人式"的发展历程。正是在人属的范畴内，人类才由能人进化出直立人，然后经过早期智人阶段和晚期智人阶段，最终形成我们今天这样的具有丰富多彩的文化和掌握高超的技术的现代人类。

6. 直立人

直立人面部比较平扁，身材明显增大，平均身高达到 160 厘米，体重达到约 60 公斤。直立人是最早会用火的人类物种；他们最早能够按照心想的某种模式来制造石器。在非洲，这种石器组合所代表的文化类型被称为阿舍利文化，它得名于也发现有这种类型石器文化的法国北部的圣阿舍利地点。阿舍利文化的代表工具是手斧，它由燧石结核打制而成，一端圆钝，是用手抓握的部分，另一端尖利，可用来切割、砍砸和钻孔，也可对木料进行加工。

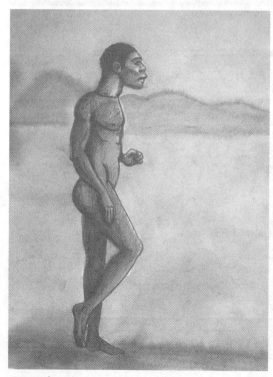

图 20 直立人

图 21 直立人的生活

图 22 直立人的穴居生活

直立人的出现标志着人类的史前时代在 200 万年前所经历的又一次巨大的变化。直立人所具有的一系列进步性特征大大地扩大了其适应性。因此，直立人再不像他们之前的那些人科成员那样仅仅在非洲的原野上徘徊，而是在后来的岁月里顽强地走出了非洲，散布到亚洲的广大区域以及欧洲的许多地区。

直立人的脑子已经明显增大，早期成员的脑量就已经达到 800 毫升左右，晚期成员则上升为 1200 毫升左右。而且，脑子不仅仅是体积增大了，它的结构也变得更加复杂并进行了重新改组，显示出直立人已经有了相当复杂的文化行为。大脑左右两半球出现了不对称性，显示出直立人已经有了掌握有声语言的能力。

7. 智人

智人，也就是有智慧的人，通常认为是在大约 20 万年前出现。通过分析化石和 DNA（脱氧核糖核酸），比较有说服力的观点是认为人类起源于东非。智人在诸如大河流域这样的地方建筑城市，在世界的不同地方发展出不同的文明。

2003 年 6 月 12 日，美国科学家公布一项研究发现，在埃塞俄比亚发掘的一批约 16 万年前的人类骨骼化石，是最古老的现代人类的化石。这一发现填补了智人进化历程起点处的空白，并对现代人类起源于非洲的理论提供了证据。

这些化石是 1997 年在埃塞俄比亚东部中阿瓦什地区一个干燥的山谷里找到的，其中包括一名成年人和一名儿童的相当完整的头骨以及另一名成年人头骨的部分碎片。他们有着相当多的现代人特征，例如成年人头骨有较大的球形颅骨，面部扁平。但他们也有一些较为原始的特征，例如两眼距离稍远，眉脊突出等。表明他们处在智人这个物种发展的起始阶段，介于更原始的人类与现代人之间。

在这些头骨化石出土的地点，还发现了很多河马、羚羊等动物的骨骼以及多种相当先进的石器。这表明被发现的智人曾是捕杀动物的能手，其食物中肉类的比例较高。科研人员还发现，部分智人的头骨上有刀痕，智人儿童的头骨还有着格外明显的光泽，像是经常被触摸，并可能曾用作装饰品或器皿。科学家提出，这意味着当时的智人可能以某种仪式保存了儿童的骨骼以留作纪念。这可能是人类对死亡产生某种认识和感情反应的最早例证，其他动物不会具有这样的复杂行为。

这个时期的人类除有某些原始性之外，基本上和现代人相似。文化上已有雕刻和绘画艺术，出现了装饰品，生存年代大约五万年前开始，直到现代。

10多万年前，智人达到了令人瞠目结舌的进化。从热带到南北两极，全世界凡是有陆地的地方基本上都有人类居住。关于人类最早的起源地，学术界一直充满争议。一个比较流行的观点是，所有现代人的祖先都是来自东非的，他们在大约10万年前离

图23 智人

图 24 智人的生活

开了故乡，走出了非洲，走向了世界。从那时起，他们开始取代当地的原始人，占领全世界。这一理论的最有力证据，就是非洲人相对其他大陆上的人类在基因上极为多样化，这就意味着他们具有更久远的历史。有研究者发现，埃塞俄比亚在地理位置上和全球 51 个地方的距离与该地区人类的遗传多样性有关，离埃塞俄比亚越远，遗传多样性越少。由此推论，人类在离开埃塞俄比亚后，一些基因在迁徙的路上渐渐丢失掉了。随着距非洲距离越来越长，遗传多样性的衰退程度，正好沿着人类早期迁徙的路线慢慢增大。

六、人类向世界各地迁徙

人类在 10 多万年前，手里拿着石器和木棍，怀揣着火种，开始向着世界各地迁徙。如果没有火，不能控制火，要想从温暖的非洲大陆向欧洲、亚洲、美洲一些寒冷地区迁徙是不可能的。

一百多年来，古人类学家根据达尔文的进化论，从发现的古化石的资料中推断，人类是从古猿进化而来的。经历了从古猿、能人、直立人、智人等阶段。推断的依据是从解剖学的角度，从头骨的形状变化、脑量、腿骨的形状等方面发现有着渐进的特征，由此确定了人是从猿变化而来。但祖先们遗留下来的实物太少，很难据此描绘出那段遥远历史的全景。

研究人员只能另辟蹊径，在过去 30 年间，人类遗传学家利用 DNA 分析法，寻找早期人类迁移的证据，以填补古人类学的空白。研究人员利用现代人的线粒体 DNA 来研究人类的来源。这种在所有现代人身上存留的遗传物质中绝大多数应当是一致的：在我们身体里 DNA 分子的三十亿个核苷酸中有 99.9% 是相同的，而在剩余的千分之一里隐藏着我们人类的扩散史。

英国牛津大学人类遗传学教授布赖恩·西基斯 (Bryan Sykes)

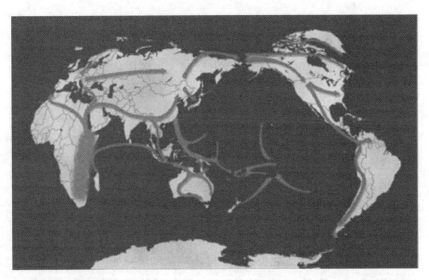

图 25　智人向世界各地迁徙

是世界上第一个发明从年代久远的古代骨骼中提取出 DNA 方法的遗传学者。

　　1987 年，美国夏威夷大学的瑞贝卡·坎恩破译了来自世界各地的妇女的线粒体 DNA，发现现代女性的线粒体 DNA 都来自一位妇女，她大约生活在 15 万年—20 万年前的非洲。随后，分子人类学家再次成功破译了男性遗传密码的 Y 染色体。通过研究，他们得出结论，现代男性都有一个共同的父亲，他生活的年代也应该在大约 15 万年前的东部非洲。

　　近十几年，科学家分析了大量的 DNA，为现代人类的"非洲起源说"提供了证据：一小群人从非洲大陆走出，到一个新的地域生活、繁衍后代，后来这群早期人类的一个分支与"母体"脱离，向其他地方迁移……这个过程不断重复，直到形成了今天这样的世界格局。每到一个地方，"迁移者"就会取代当地的古人类，比如尼安德特人或直立人，但很少甚至不会与他们交配、繁殖后代。最新的 DNA

研究证明，每个分支与"母体"脱离时，都只会携带一部分遗传多样性，因此迁移路径离非洲越远，遗传多样性就越低。这就是说，根据遗传多样性的变化，科学家可以找出早期人类的迁移路径。土著美洲人是最后一批迁移者，因而他们的遗传多样性要比非洲人低得多。

通过 DNA 对照可以证明遍布世界的相应迁移途径图，表明人类是如何适应新的气候、另样的食物以及疾病的威胁。了解人类是如何在这漫长时间段里从非洲一步步地向着全地球扩散开来的。

很多的人类学家和古生物考古学家更希望将所有那些经过遗传比较所得的起源与找到的化石的测龄结果以及挖掘出的文物相参照。如通过线粒体和 Y- 染色体就能找出第一支是怎样从非洲来到澳大利亚的途径和时间。除此之外 DNA 样本能帮助解释如何从安达曼群岛（印度洋北部一群岛）进入印度洋的，而相关的考古发掘至今几乎是零。因此，只能靠着对遗传因素的比较来解释。有趣的是这 DNA 可以不必只是人的。史前的很多事还可以通过人体内／上的病毒、微生物或者寄生虫，如虱子或者肠胃细菌来提供证明：这些生物都是与人群一起扩散以及同样会因气候、地理等物理的以及人体对疾病的承受能力的变化产生了变化。胃幽门螺旋杆菌是人类最忠实的寄生菌。它的 DNA 显示，南美的印第安人带着它是在大约 5.5 万年前离开非洲和经亚洲来到美洲的。

2005 年，美国国家地理协会和 IBM 联手，一起启动了一个历时 5 年的寻找现代人类迁移之旅探索活动。来自美国、中国、巴西、南非、英国、法国、俄罗斯、黎巴嫩、印度和澳大利亚的人类遗传学家参与了这次活动。这个计划旨在收集世界各地大约 10 万个人的基因样本，描制人类迁徙的路线图。科学家还计划采集世界各地共 10 点的 1 万名原住居民的血样，因为这些原住居民的 DNA 中包含着遗传的关键信息。

"我们都曾属于同一个祖先，仅仅是随着时间的流逝而被分离开来。"领导该计划的人类基因学家斯宾赛－威尔说。该研究科学家希望通过他们的努力能够揭示人类的起源，以及人类迁移的路线，从而更好地理解人种多样化的原因。

大约 15 万年前，在东非分化出了很多人种与部落，其中就已经包含了现在的黑、棕、黄、白四个人种的祖先。Y 染色体上的 M168 是目前发现的一个很古老的突变位点，这是人类在要离开非洲时产生的突变，大约发生在 10 多万年前。那些棕色人、黄种人就是带着这个古老的突变开始向世界扩散，除了非洲以外的现代人都具有这个位点的突变。这些研究进一步证实，现代人类起源于非洲。这也让人们认识到，遗传多样性是如何从非洲大陆发源，并扩散到世界其他地方的。如果把人类世系看作一棵"进化树"，"树根"就是非洲原著民桑人，最新长出的"树枝"则是南美洲的印第安人和太平洋岛上的居民。

约 10 万年前，地球处于冰川期，大部分陆地被冰川覆盖。整个海平面比现在低 120 米左右，许多海床裸露在地面。在东非，各个部落拥挤在这块土地上，抢夺着有限的食物。随后，一部分人开始走出非洲。

几万年前人类从非洲走向美洲的路径，如今我们可以在地图上进行标记。如果把当时的人类比作旅行者，他们的迁移过程，就像在一系列相互交联的线路上移动，只是速度非常缓慢。早期人类穿越曼德海峡后，向北迁移，通过阿拉伯半岛时，如果右转，向美索不达米亚（即两河流域）进发，到达印度兴都库什山脉的北部区域，如果左转就踏上了西伯利亚，一直向前走，就会到达美国阿拉斯加州。如果继续向前，就到达南美洲。

进一步的研究得到结论：现在全世界人类都来自非洲，5 万 ～ 10 万年前非洲人进入亚洲和欧洲；而生活在中国的原土著——蓝田人、元谋人、北京人在最近一次的冰川时期，由于恶劣的气候而灭绝，取而代之的是从非洲迁徙而来的现代人种。

从非洲最早出来的是棕色人。他们主要是在海边捕鱼为生，并捡食滩涂上的高蛋白食物，5万年前，他们已占领了南亚和东南亚的陆地和岛屿。在之后的几万年里，散漫的捕捞捡食生活让他们沿着无边的海岸线，一路走到东亚，之后可能穿过白令海峡到达北美和南美洲。

国内学者在查阅中国现有化石的年代以后，发现了一个断层期。这个断层期是从大约10万年前至4万年前，没有任何人类化石出土。由此推测，生活于东亚的直立人和早期智人在最近一次的冰川时期，由于恶劣的气候而绝灭。另有学者通过研究DNA排列，分析了28个东亚人群，推算出华人占大多数的东亚人起源于非洲，在中国的现代人起源时间不会早于5万年前。

七、开始对火的控制

1. 旧石器时代

从 250 万—350 万年前能人的出现到约 1 万年，这段时间称为旧石器时代。原始人类开始制造简单的工具，使用石器和木棍来猎取野兽为食，并懂得采集野生植物的根、茎、叶、果充饥。以血缘家族或氏族为单位生活和劳动，过着非定居的游荡生活。考古发现，在远古人居住地，在其洞穴中发现木炭、灰烬、烧骨等痕迹，显示当时的人们已掌握了使用火的技术，并会砍取树木作燃料。出现了骨器，能制造简单的组合工具，而且开始形成了母系氏族。在这个期代里，全世界的原始人类都过着差不多同样的生活。

我国科学工作者在全国各地先后发掘了许多猿人的遗骨和遗物的化石，可以看到我国境内最早的原始人，已经有 100 万年以上的历史。云南的元谋猿人，大约有 170 万年历史；陕西的蓝田猿人，大约有 80 万年历史；北京猿人，大约有四五十万年的历史。

猿人的力气比不上这些凶猛的野兽，但是他们和任何动物根本不同的地方，就是猿人能够制造和使用工具。这种工具十分简单，一件是木棒，一件是石头。他们就是用这种简单的工具来采集果子，挖植物的根茎吃。他们还用木棒、石器来同野兽作斗争，猎取食物。但是，这种工具毕竟太简陋了，他们获取的食物是很有限的，靠单个人的力量，没法生活下去，因此过着群居的生活，即共同劳动，共同对付猛兽的侵袭。这种人群就叫原始人群。

人类发展的历史可分为古猿(800万年前—700万年前)、非洲南方古猿(420万年前—100万年前)、能人(200万年前—175万年前)、直立人(200万年前—20万年前)和智人(早期20万年前—5万年前，晚期5万年前—1万年前)四个阶段。

2. 开始对火的控制

火是发出热和光的燃烧过程，是一个能量释放的过程。文明的发展高度取决于对火的利用程度。从广义上来说，火持续推动着文明的发展，对火的利用就是对能源的利用。

图 26 雷电起火

　　旧石器时代火的使用是人类最伟大的发现。考古学研究显示人类在 180 万年前就能有控制地用火。中亚人类于 79 万年前就能自己生火。但使用火的技能约到 40 万年前才普及。探索早期人类控制性用火的起源，对认识史前人类行为模式、体质进化、文明进步等都有着重要意义。

　　自从 450 万年前猿人开始下树生活，在最初的 200 万年里，猿人是害怕火的，不会使用火。火山爆发、电闪雷击引起森林起火、长期干旱草原自燃起火，对于原始人来说，是最初接触到火，对火都是很害怕。但是人们在恶劣的自然条件里生存，逐渐了解了燃烧着的火附近比较暖和，被烧死的野兽可以充饥，被烧烤过的兽肉味道更鲜美，野兽害怕火，于是便主动地利用火，他们便试着取回火种，把燃烧的树枝带到山洞里去，用火作为战胜寒冷防止野侵袭的武器。

图 27　草原起火

图28 有了火的生活

　　那时人的活动范围极其有限，一年之中，难得看到一次草原起火。在天气炎热干燥时，燃点低的草木材料会起火，但火也不可能持续很久。所以，人类对火的认识也极其缓慢，从害怕火到开始利用火，就花了一百多万年的时间。

　　有了火，人类开始吃烧熟了的食物，很快，吃熟食的方式扩大了食物的来源和种类，使人类最终摆脱了"茹毛饮血"的饮食方式。火还给人类带来了温暖，从而扩大了人类的活动范围，使人不再受气候和地域的限制，并能够在寒冷的地区生活。火是原始人狩猎的重要手段之一。用火驱赶、围歼野兽，行之有效，提高了狩猎生产能力。焚草为肥，促进野草生长，自然为后起的游牧部落所继承。最初的农业耕作方式——刀耕火种，就是依靠火来进行的。

　　当火的烟雾分散到天空时，宗教的思想开始萌生，火和燃烧开始用于宗教仪式和象征。

对于火的使用，人类经历了一个从利用自然火到人工控制取火的漫长过程，后来学会使用钻木取火或者用敲击燧石的方式来主动获得火，经历了由恐惧，到认识，到使用，再到熟练使用的过程。

在漫长的生存过程中，人类发现了摩擦生火的现象。例如，打击燧石或石器相碰会产生火花；刮木、钻木时会生热，甚至冒烟起火。经过几十万年的摸索、尝试，人类终于掌握了打击、磨、钻等人工取火的方法。使用火石、火镰和火绒，他们就从利用自然火过渡到人工取火了。

图 29 人工取火

控制性用火，也即长期保存火种和控制火源，能够培养人类的群居习性，促使人类群体社会生活。增加了可以食用的种类，改变食物的营养成分。扩大了人类的活动范围，使人不再受气候和地域的限制，人类从非洲向欧亚大陆大规模迁徙，都是人类在能够制作并保存火种的前提下才可能实现。

　　目前，国际古人类学界普遍认为人类广泛用火开始于旧石器时代中期，距今大约 20 万～ 30 万年前。在东亚地区。有 6 处古人类化石或活动地点发现有人类用火遗迹，这些地方包括印尼西亚特里尼尔地点、中国周口店遗址和西侯度遗址等。

　　距今 170 万年前的中国元谋猿人遗址中就已经有炭屑的痕迹，中国古人类学家还认为距今 23 万～ 46 万年前的北京人已经知道要管理火堆，保护火种了。但使用火的最典型遗迹发现于北京周口店山顶洞，其灰烬厚达几层，共几米。在匈牙利的韦尔特斯泽勒斯，也发现了原始人使用火的灰烬。

　　晚更新世时期，人类控制用火现象已经较为普遍，亚洲、欧洲、非洲等地区均有较多人类用火现象。欧洲在早期地质时代中未发现人类用火遗迹。但在晚更新世却有很多遗址都存在丰富的人类用火遗迹。并且，欧洲该时期遗址中还有一个重要的用火现象，即在一个遗址内，甚至一个房屋内，往往会有很多用火遗迹（火塘，火灶），这种现象可能与欧洲人类生活模式，爱吃肉食有关。

图 30　甘棠菁旧石器遗址中的用火遗迹

3. 用火遗迹

　　位于云南省江川县路居镇上龙潭村西南约 1.5 公里处甘棠箐旧石器遗址是"百万年前的旧石器遗址"，在这里，考古人员发现了一百万年前的木制品，即一百万年前人类用火的遗存。遗址文化层上部发现的用火遗迹为一篝火遗存，木柴向心堆积，木柴近中心部位碳化严重，中心积碳。经判断，为一临时用火遗迹。这处保存基本完整的用火遗迹的发现，是我国旧石器时代考古的重大发现，它对研究史前人类行为和生活方式具有划时代意义。旧石器时代早期人工用火问题，一直以来，多发现为用火产生的相关遗留物，如：灰烬层、炭屑、烧石、烧骨等，但这些都是用火的间接证据，缺乏保存完整的人工直接用火证据。而这种保存基本完好的旷野用火遗存非常少见。

八、新石器时代的火

　　在公元前 1 万年至公元前 8000 年左右，地球上最后一次冰期，第四纪冰期刚刚结束，地球进入了间冰期时期，天气开始变暖，出现类似今日的气候条件，动物群和植被也发生相应变化，为适应这一转变，人类的生产工具相应地有了改进，发明了弓箭和细石器。人类走出了洞穴，在河边的平地等地方建屋定居。新石器时代的主要特征是农业和畜牧业的产生，使用磨光加工的石器，发明了陶器。可以这样说，我们这个地球上各个不同的古老文明区发展的起步时间是差不多的，都在大约一万年前开始迈入新石器时代。

图 31　烧荒垦地

刀耕火种，是原始人类进行农业生产的一种社会存在形态，是原始社会最早开始的生产方式。刀耕火种的方式遍及世界各地。其突出特点是人们在进行农业生产的时候，用各种原始刀器砍伐地面植被来拓荒，为了获得足够的肥料，纵火烧山，利用其灰烬种植作物。即便是现在，世界上还有很多偏僻贫穷的地方保留着这种落后的生产方式。

图 32　刀耕火种

新石器时代残留的农业经营方式，属于原始生荒耕作制。先以石斧、后来用铁斧砍伐地面上的树木，等到树木、草木干枯后用火焚烧。经过火烧的土地变得松软，不翻地，利用地表草木灰作肥料，播种后不再施肥，一般种一年后易地而种。由于经营粗放，亩产只有 50 千克左右，俗称"种一偏坡，收一箩框"。随着生产工具由石刀、石凿、石斧、木棒进化到铁制刀、锄、犁。种植作物由单一的稻谷演变为稻、玉米、豆、杂粮乃至甘蔗、油料经济作物，耕作方式也随之由刀耕火种、撂荒发展到轮耕、轮作复种和多熟农作制。

1. 人类最早的陶器

火的使用，给原始人的生产和生活带来了革命性的变化。陶器是伴随着火的使用而烧出来的，是人类最早制作的物品。陶器烧成温度最低在 800℃以下，最高可达 1100℃左右，主要是用木材烧制出来。

在利用火的过程中，在世界各个文明发源地，都各自独立烧制出陶器。依照已有的考古来说，在捷克多尔尼·维斯托尼发现的窑坑和烧制的人和动物陶像，存在于 2.8 万年之前，是人类最早烧制出的陶器。

在中国江西，坐落于万年县大源乡境内仙人洞遗址，先后五次发掘出土了大量的陶器、石器、骨器、蚌器等人工制品和动物骨骼等，其中早期陶器的出现引起了学术界高度关注。2009 年，北京大学和哈佛大学的合作团队重新清理出来的考古地层剖面上采集了系列碳十四测年样品和地层微结构样品，确定碳十四测年样品与陶片的地层等时关系，证实以前发掘的考古地层是人类活动

图 33 万年仙人洞发掘的陶器

形成的原生堆积，不存在自然过程或者后期活动的搅扰，所测定的碳十四年代代表了同层位陶器的年代。由此证实仙人洞遗址出土陶器的年代可以早到距今 2 万年，是目前世界上已发表陶器的最早年代。特别引人注目的是当时正处于末次冰期的冰盛期，早期陶器年

代的准确测定颠覆了传统认为陶器是在全新世大暖期来临后才出现的观点，为探讨现代人应对环境变化的策略以及研究陶器在人类社会发展演化中的作用等问题提供了重要资料。

旧石器时代向新石器时代转变，这是人类历史发展的一个里程碑。这一时期的文化面貌还很模糊，在中国，这类考古学文化遗存发现甚少，在世界上也不多见。陶器最早是由中国南方的寻食者发明的，在东亚的其他地方当时也出现了最早的陶器，从俄罗斯、日本到中国的北部、南部地区都有寻食者的分布，他们分别生活在不同的环境当中。日本发现世界最古老的烹饪用陶器距今1万多年，日本和英国研究人员报告说，他们对日本北海道和福井县遗址出土陶器的焦糊痕迹分析发现，这可能是迄今发现的世界上用于烹饪的最古老陶器。这些陶器属于距今 1.18 万年至 1.5 万年前的日本绳文时代草创期。考古人员在其中发现了含有烹饪鱼类时产生的脂质，因此推断这是目前发现的最古老的烹饪陶器。此前考古界认定的世界最古老烹饪陶器，地中海东岸地区出土的约 9000 年前的陶器，上面有加工动物乳汁的痕迹。

有了陶器，人类才能够喝到热水、热汤，可以煮熟谷物类食物，由此促进了农业的发展，促进了人身体的发育和大脑持续的进化。

2. 大地湾文化陶器

8000 年前大地湾文化陶器

大地湾文化出土的陶器，是新石器时代最早的陶器，是在简单的炉窑中烧制的，使用普通木材，燃烧温度低，陶器不够光洁，结实，但是种类很多，用处各不一样，能满足吃熟食的需要。

图 34　8000 年前大地湾文化陶器

3. 半坡仰韶文化陶器

　　5800 年前半坡仰韶文化陶器，因炉窑有所改进，烧结温度也有提高，陶器质量相比大地湾文化时期有所改善，陶器表面光洁度提高，硬度增加。陶器上的绘画精美，表达了这个时代生活的方方面面。

图 35　半坡人面网纹盆

4. 龙山文化的黑陶器

4000 年前，在龙山文化时代，中国已经烧制出比其他陶器强度更高的黑陶器。黑陶器被历史学家公认为是四千年前地球文明最精致之制作。

图 36　蛋壳黑陶高柄杯

陶器的强度和烧制温度有关，烧制温度越高，陶器的强度就越高。黑陶在焙烧时，前期采用富氧燃烧，即鼓风燃烧，烧窑快结束时，在 1000℃左右炉温下，采用缺氧燃烧，即少量鼓风。这个过程称为高温渗碳，燃料中的碳分子向陶器壁面渗透，使得陶器壁面呈现黑色。黑陶器表明人类第一次发明和运用这两项开创性技术：高温炉窑燃烧技术和高温渗碳技术。炉窑温度达到了有史以来最高的燃烧温度，烧制出了那个时代强度最高的陶器，并由此保持了长达近 4000 年的高温炉窑燃烧技术世界领先地位。高温炉窑燃烧技术是圆筒形或椭球形的炉膛、人工鼓风、使用木炭，这三项缺一不可。当使用木炭，燃烧值就高，鼓风就有更多氧气助燃，圆球形炉膛可以增强辐射传热且保温，这样，炉膛内的温度就提高了。

5. 商代陶器

从 8000 年前的大地湾文化到 3500 年前的商代，时间跨度只有 4500 年，而此时的陶器种类已是琳琅满目，数不胜数。陶器不但精致，而且强度提高，品质优良。商代陶器是以泥质灰陶为主，主要器形有：炊器类的鼎；饮器类的觚、爵，食器类的簋、三足盘；盛器类的瓮、盆等等。满足了人们日常生活中做饭、吃饭和喝酒的需要。

我国在 6 千多年前的大汶口文化时期，即能生产以瓷土和高岭土为原料的白陶器。白陶器需要把泥土里的铁元素去掉。商代晚期白陶器是当时陶器中的珍品，也是我国陶器中的瑰宝，世界上其他地方都烧制不出来这种陶器。

商代陶器在烧制技术上有很大的提高，最显著的是炉窑燃烧技术的大为提高。炉窑主要是馒头型窑型，有足够空间堆放木材，能够提高炉窑温度。在江南还出现一种比馒头窑更为先进的炉窑——龙窑。近年来考古工作

图 37 商代白陶

者在浙江上虞、江西吴城均发现了商代龙窑。这种窑一般依山势建在山坡上，窑身呈长条形倾斜砌筑，外观上形似一条龙从下而上，故名龙窑。因依山而建呈倾斜向上，本身就有自然抽力，窑炉火势大，通风力强，升温快，这就使商代陶器有很大发展，并在商代中期开始了我国由陶到瓷的过渡，诞生了我国最早的瓷器——原始青釉瓷器。

陶器使用一般黏土即可制坯烧成，陶器烧成温度一般都低于瓷器，最低 800℃以下，最高可达 1100℃左右。

九、青铜时代的火

中国的青铜器之精美，只有意大利文艺复兴时期（二者相差 3000 年）的艺术品堪与媲美，也许只有意大利画家和雕刻家洛伦德·吉贝尔蒂为弗洛雷大教堂对面八角形浸礼堂雕刻的"天堂之门"，才能与之并驾齐驱。

——世界文明史　美国　威尔·杜兰

青铜的熔点在 700℃～ 900℃之间，比纯铜的熔点（1084.5℃）低，是人类最先冶炼得到的金属。

在龙山文化时代烧出黑陶器之后，商周时代的无数精美绝伦的青铜器，连同三星堆文化里的青铜器，中华文明又一次在世界文明中发出耀眼的光芒。商周时代的青铜器艺术遥遥领先于世界，其不仅是中国青铜器的巅峰，也是世界青铜器的巅峰。

在新石器时代晚期，世界文明进入了青铜时代。青铜时代是以使用青铜器为标志的人类物质文化发展阶段。铜合金是人类一项伟大发明。铜是人类最早认知的金属，用铜、锡、铅制作的青铜则是人类最早大量生产和使用的金属。

青铜是红铜（纯铜）与锡或铅的合金，因为颜色青灰，故名青铜。含锡 10% 的青铜，硬度为红铜的 4.7 倍。青铜具有熔点低、硬度大、可塑性强、耐磨、耐腐蚀、色泽光亮等特点，适用于铸造各种器具。

在世界范围内大约是从公元前 4000 年至公元初年进入青铜时代。世界各地进入这一时代的年代有早有晚 。欧洲的青铜时代自公元前 2300 年起，延续了约 1000 年。

大约在六七千年以前我们的祖先就发现并开始使用铜。1973 年陕西临潼姜寨遗址曾出土一件半圆形残铜片，经鉴定为黄铜。1975 年甘肃东乡林家马家窑遗址（约公元前 3000 左右）出土一件青铜刀，这是目前在中国发现的最早的青铜器。青铜器在古代中国非常发达，特别钟情于祭器和礼器，如鼎、簋、觚、爵、斝、壶等。青铜器是当时礼制最突出的物化形式。

与中国的情况不一样，两河文明和埃及文明等文明因缺乏青铜等矿料资源，生产和使用的青铜器有限，多为小型工具、兵器、饰件和器皿，在考古发现中很少见。20 世纪二三十年代著名考古学家伍利发掘乌尔王陵时发现，这处年代在公元前 2500 年前后的墓地埋藏着大量宝石、金银珍宝，随葬的青铜器只有少量小型兵器和器皿。同样，年代在公元前 14 世纪著名的图坦卡蒙墓——稍早于妇好墓但已属古埃及青铜时代末期，同样出土了大量金银器，几乎没有青铜器。两河文明，埃及文明的雕像等宗教性物品具有礼仪性，多为石制品。虽然这些地区也有年代很早的青铜雕像，如古埃及第六王朝帕皮一世的全身像、阿卡德国王头像等，但数量极少。古埃及出现较多神像是公元前 16 世纪新王国时期之后的事情，但神像均为小型铸件。西方饮食以烧烤为主，无须大量使用生活器皿，青铜器生产的文化传统和社会需求均不明显。青铜制品的匮乏使一些学者反思，青铜时代这一概念对其他文明地区是否适用。

而在中国古代，"国之大事，在祀及戎"，最大的事情莫过于祭祀和对外战争。作为代表当时最先进的金属冶炼、铸造技术的青铜，也主要用在祭祀礼仪和战争上。我国古代夏、商、周三代所发现的青铜器，其功能（用）均为礼仪用具和武器以及围绕二者的附属用具，并制造发展出浩繁的品种与数量，形成了具有中国传统特色的青铜器文化体系。可以说，中国青铜器的社会需求、生产技术、造型与艺术互为影响，形成繁盛、发达的青铜文化，是青铜时代古典文明的一枝独秀。

就青铜器的使用规模、铸造工艺、造型艺术及品种而言，世界上没有一个地方的铜器可以与中国古代铜器相比。中国古代青铜器在世界艺术史上占有独特的地位。

青铜器的类别有食器、酒器、水器、乐器、兵器、车马器、农器与工具、货币、玺印与符节、度量衡器、铜镜、杂器十二大类，其下又可细分为若干小类。

图 38 司母毋鼎 商代

看看下面青铜器，就可以知道我们祖先制造出来的青铜器有多么的了不起！

（1）司母戊大方鼎 世界最重的青铜器

1939 年 3 月 19 日在河南省安阳市一片农地中出土，因其鼎内部铸有"司母毋"三字而得名，是商朝青铜器的代表作，制作年代在 3300 年前，现藏中国国家博物馆。

(2) 龙虎尊 最华丽的青铜器

龙虎尊，商代，重 26.2 公斤，高 50.5 厘米，口径 44.9 厘米，腹围 122 厘米，腹深 41.5 厘米，足径 24 厘米，1957 年出土于安徽省阜南县月牙河现藏于中国国家博物馆。

(3) 何尊 第一次出现"中国"铭文的青铜器

何尊，西周青铜酒器，宝鸡陈仓出土，现藏于宝鸡青铜器博物馆。何尊最具庄重、雄浑气质，其腹底铭文第一次出现"中国"于实物，乃镇国之宝。造型雄奇，凝重华贵。

何尊的最高价值在于，尊内铸有 122 字的铭文，记载了周成王继承武王的遗训，营建被称为"成周"的洛邑，也就是今天的洛阳，与《尚书·召诰》《逸周书·度邑》等古代文献相合，具有重要的史料价值。同时，"中国"两字作为词组，首次在何尊铭文中出现。

图 39 龙虎尊 商代

图 40 何尊 西周

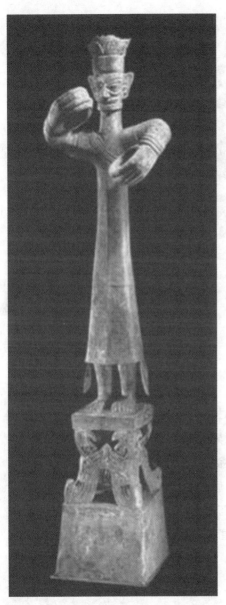

图 41 世界上最大青铜人像

商代青铜器令人叹服，比起之后的周和春秋战国时期的要好很多。不仅如此，即使采用现代的技术，也制造不出和商代青铜器完全一样的作品。我们至今也不清楚青铜器有着怎样的一个发展过程。在上百年的考古中，我们获得了巨大的成绩，挖掘出的各个文化时代的遗址就有几千个，文物就不计其数了，可是关键的青铜器的几个发展阶段却还是毫无所知。

（4）三星堆文化的青铜器

1986 年，在四川广汉，出土了大量的青铜器，震惊了世界。它迫使我们重新认识青铜器发展史，中国的青铜时代，过去一向是从商朝算起，也就是 3500 多年。然而"三星堆"千多件的青铜文物，其数量、质量（高超铸造工艺）都说明，早在

图 42 青铜人面具

图 43 青铜鸟

夏朝之时就已进入到了高度发达的青铜时代。世界上最早、树株最高的青铜神树，高 3.84 米。世界上最大青铜人像，通高 2.62 米，重逾 180 公斤，世界上最早的金杖，长 142 公分，直径 2.3 公分，重 700 多克。而三星堆文化起源于何方？学者们有各种猜测，至今尚无定论。对三星堆青铜器的不断研究，我们终究会了解到它的起源以及发展的历程。伟大的三星堆文化！伟大的中国青铜器！

十、钢铁时代的火

亚洲的游牧部落之所以能侵入罗马帝国和中世纪的欧洲，原因之一在于中国钢刀的优越。

——法国历史学家　豪德里科

在文明的发展中，东西方都想知道是谁走在文明发展的前头？钢铁时代也一样，人们都想知道谁的技术更先进。我们只要看看谁的燃烧技术先进、谁能达到更高的温度就会明白了。

纯铁的熔点为 1534℃，还原生成的固态铁吸收碳以后，熔点随之降低。当含碳量达 2% 时，熔点降至 1380℃；含碳量达 4.3% 时，熔点降到最低，为 1146℃。而块炼铁的冶炼温度最低只需要 800℃。

世界上最早炼出铁的是中亚的赫梯国（现在的叙利亚一部分），但是他们炼的只是块炼铁。那里有不少富铁矿，他们只要把富铁矿和炭一起放到炉子里就可以炼出铁来了，即使炉子温度比较低，只有 800℃，也可以炼出铁来。由于富铁矿里含铁量高，脉石很少，所以不需要用石灰石来冶炼，杂质和铁混在一起，经过锻打，就可

图 44 世界最早的生铁实物

以逐渐去掉杂质，成为熟铁。这种熟铁比铜还软，如果杂质没有去干净，还会是脆的。

中国炼铁时间比西方要晚几百年，其中一个原因是中国的铁矿石品位太低，含铁量一般只有 30%，甚至不到 30%，夹杂着大量的脉石，无法锻打成铁，所以只能完全熔化冶炼。这就需要先进的冶炼技术，需要很高的冶炼温度，才能炼出铁。正是在商代，中国采用浇铸等技术制造青铜器，发明出炉温度超过 1000℃以上的先进炉窑，具备了冶炼钢铁的技术。

2500 年前，公元前 6 世纪，春秋晚期，我们冶炼出了世界上最早的生铁。

在北京国家博物馆里，陈列着一件稀世珍宝——1964 年江苏六合程桥东周一号墓出土的生铁丸，也就是白口铁，这是迄今为止世界最早的生铁实物。

1976 年，在长沙杨家山一座春秋晚期墓葬中出土了一把钢剑，长 38.4 厘米，宽 2 厘米～ 2.6 厘米，年代也是公元前 6 世纪，春秋晚期。从剑身断面上，可以看出反复锻打的层次，中部由 7 ～ 9 层叠打而成。这是用块炼铁打成片后进行固体表面渗碳，使两面形成高碳层，中间夹着低碳层，经过对折锻合，并用若干片叠搭锻打成长剑。其中钢的含碳量为 0.5%～ 0.6%，金相组织均匀，说明可能还进行过热处理。这是世界最早的炼钢技术。1977 年在长沙窑岭一座春秋战国时期的墓葬中出土了一件由麻口铁（含碳 4.3%）铸成的铁鼎，是迄今最早的铸铁器，表明春秋战国时期冶铁技术开始成熟。

冶铁的原理和冶铜的原理基本相同。所以我国商代、周代青铜冶铸技术的高度发展，已经为冶铁技术打下了良好的基础。从冶炼工艺来看，块炼铁和生铁的主要差别在于冶炼温度的高低不同。对春秋末期和战国初期的锻造铁器进行的检验表明，所用的原料就是块炼铁。为了增加铁的产量以适应社会对铁器的需求，几乎在块炼铁出现的同一历史时期，就诞生和发展起了生铁冶铸技术。生铁是由铁矿石和木炭在高大的炉内通过高温熔炼而产生的。在冶炼过程中，利用鼓风技术使炉温升高到 1100℃～ 1200℃以上，铁矿石（各种氧化铁）在一定温度下与高温还原剂（木炭及其燃烧产物一氧化碳）接触，就可得到液态铁水流集于炉底，在炉底流出冷却成块，就是生铁。生铁的含碳量较高，在 3% 左右，质硬易碎，一般只能用来铸造一些粗笨的东西，锤锻则易坏。程桥东周墓出土的铁丸，就是用生铁铸成的，为白口铁。这表明我国在春秋晚期，已经将生铁用于铸造了。从能炼出液态生铁达到顺利浇铸的温度这一事实来看，已经掌握了大型炉窑的鼓风竖炉，在原料、燃料、耐火材料的利用上都有相应的发展。

西方一些国家在公元前 1000 年左右已能生产块炼铁，但直到

14 世纪才能生产液态的可铸成型的生铁，比中国晚了 2100 年。而且，他们的生铁冶炼技术源自中国。

由于生铁、钢铁的性能远高于块铁，所以真正的铁器时代是从铸铁诞生后开始的。社会发展的历史表明，铸铁的出现是社会生产力提高和社会进步的主要标志。从这个意义来说，是中国开创了人类文明发展中的真正铁器时代。

1. 中国钢铁冶炼技术

中国从冶炼出第一块生铁起到明代的两千多年岁月里，持续不断地发明创造出各种钢铁冶炼技术，远远走在世界文明的前面。

在战国时期发明了铸铁柔化技术，这种技术可以生产出白心韧性铸铁和黑心韧性铸铁。而在西方，白心韧性铸铁的生产技术在 1722 年方由法国人首次记录。黑心韧性铸铁是 1831 年才在美国问世的。

在汉代，铸铁柔化术又有新的突破，形成了铸铁脱碳钢的生产工艺，可以由生铁经热处理直接生产低、中、高碳的各种钢材。西汉后期，一种由生铁变成钢或熟铁的技术被发明；把生铁加热成液态或半液态，并不断搅拌，使生铁中的碳和杂质不断被氧化，从而得到钢或熟铁。河南巩县铁生沟和南阳瓦房庄汉代冶铁遗址，都提供了汉代应用炒钢工艺的实物证据。炒钢工艺操作简便，原料易得，可以连续大规模生产，效率高，所得钢材或熟铁的质量好。

在汉代，钢铁业的发展通过多方面展现。如炉型有了扩大，用石灰石作熔剂，风口也从一个发展到了多个，鼓风设备从以前的人力鼓风、畜力鼓风到创造了水力鼓风的"水排"。这项发明比欧洲早一千二百多年。

　　西汉早期的块炼渗碳钢——百炼钢，是种通过不断增加锻打次数而成为定型的加工工艺。到东汉、三国时，百炼钢工艺已相当成熟。

　　在汉代发明了球墨铸铁。陆续发现了汉魏时期的球状石墨的铸铁工具多件，引起了国内外学术界的重视，而球墨铸铁是现代科技的产物，是 1949 年由英美学者发明的。经测定，西汉时期的石墨性状铸铁不逊于现代球墨铸铁的同类材料。

　　魏晋南北朝时期发明了灌钢技术。灌钢技术在宋以后不断被改进，减少了灌炼次数，以至一次炼成。在坩埚炼钢法发明之前，灌钢法是最先进的炼钢技术。

　　从汉代开始，也就是从 2100 多年前开始，中国成为世界上最先进的钢铁生产国。其产品亦随着丝绸之路的发展，出口到周边各国以及中亚、西亚和阿拉伯一带。在唐代钢铁年产量达到 1200 吨，宋代达到 4700 吨，在明代永乐初年（1403 年）铁产量超过 16 万吨，相当于 18 世纪初整个欧洲的全部产量。

图 45　生铁炒钢

从唐代到明代，是古代钢铁技术全面发展和定型的时期。唐宋时期实现了农具从铸制改为锻制这一具有重大意义的历史性转变。以生铁冶炼－生铁炒炼熟铁－生、熟铁合炼成钢为主干的钢铁工业体系趋于定型。唐代发明的曲辕犁，是中国农业的一次重大改革，极大地提高了农业产量，也加快了唐代社会经济繁荣。根据唐朝人陆龟蒙的《耒耜经》记载，曲辕犁由 11 个用木头或金属制作的部件组成。曲辕犁结构完备，轻便省力，是当时先进的耕犁。历经宋、元、明、清各代，耕犁的结构没有明显的变化。现代拖拉机牵引的铧式犁结构采用了曲辕犁原理。

图 46 唐代曲辕犁

明代中叶到清末，传统钢铁技术继续缓慢发展，生铁年产量达数十万吨。炼铁竖炉高 9 米，佛山炼铁厂还采用装料机械（机车）代人力加料。

只有出产于印度北部的，直接或两步法坩埚钢产品"乌兹钢"，才算得上技术先进，不过由于产量低，对整体社会生活的影响很小。

波斯人后来以乌兹钢为基础，进行再加工，生产出著名的大马士革钢。西方在很长一段时间内，一直走的是块炼铁路线，就是熟铁。因为铁软，不能制作比较长的剑，基本上都是短剑。甚至到了十字军东征，那些士兵的武器砍打一段时间之后，就因质地太软而弯曲，都要踩直了才能继续使用。罗马的兵器到公元 4 世纪还没有经过热处理，因为罗马人无法解决兵器淬火后变脆的问题，他们没有中国早就有的局部淬火和回火等技术。

在对火的利用和钢铁冶炼技术这条文明发展主线下，涌现出了无数针对工业、农业而为的发明和创造，种类之多，涉及范围之广，是任何其他国家所无法比拟的，也极大地促进了社会发展。

举例来说：在西方，人们都对十字军东征的故事很感兴趣，不知道有多少小说、影视作品描绘表现这场战争，什么查理狮王如何勇敢，什么十字军骑士多么威猛等等。十字军东征是发生在宋代和元代期间的欧洲天主教与中亚阿拉伯国家伊斯兰教之间的战争，一共进行了八次，只有第一次欧洲天主教是胜的，后面的七次全败了（公元 1096 年到 1291 年发动的八次宗教战争，在中国是宋朝时代）。可是人们只记住胜的那一次，整个欧洲，也就是整个天主教世界都沉浸在这种喜悦里，谈论着掠夺来的财物。现代的文艺作品更是添油加醋地描绘那些战士的英勇如何如何。殊不知，那些东征骑士手里拿的所谓钢刀其实是熟铁制造的，硬度不够，对砍一番以后，刀就弯曲了，需要用脚扳直后才可再用，别的就更不用说了。而在第五、第六次十字军东征期间，从公元 1219 年到公元 1241 年间，蒙古大军挥舞着汉族的钢刀，当然也怀抱着汉人发明的黑火药，攻城略地，两度到达东欧腹地，所向无敌。而这些，难有小说描绘。十字军从欧洲打到中亚，前后打了 200 年，只有一次胜利。而蒙古大军在 20 年里，两次从东亚，横扫中亚、东欧，所向无敌。同一时代的战争对比，可以清楚地看到究竟是谁的武器先进和质量优越，谁的科技力量强大，谁的军事能力更强大。

日本史学家宫崎市定在《中国的铁》一文中有这样的记述：中国铁的生产，在产业革命以前的世界史上，具有世界范围的意义。自战国时代中国即盛行使用铁器，到了汉代就形成了一个高峰。中国的铁一直被贩卖到罗马的市场上。汉代所以能给匈奴打击使它向西方逃窜，就是因为使用了铁质的武器。从唐末到宋初，中国发生了可以称为燃料革命的一大事件，燃烧煤炭取得高热，并利用煤炭炼铁，使铁具有大量生产的可能。这就在世界史上出现了远东的优越地位。蒙古的大规模征伐即由于利用了中国的铁；在蒙古征伐的逼迫下，又发生了突厥族西迁的事件。在南海方面，中国的铁成为重要的贸易品，一直输出到阿拉伯半岛一带。

2. 高温炉窑燃烧技术

为什么是中国最早开启人类文明的铁器时代？为什么只有中国才能烧制出无比精美的瓷器？为什么只有中国的瓷器销往全世界？一个最主要、最关键的因素，就是我们掌握了温度达到 1400℃ 的高温炉窑燃烧技术。人类文明发展的高度取决于对火的利用程度。

高温炉窑燃烧技术必须具备三个必要条件，缺一不可：高燃烧值燃料、充足的氧气、强化热辐射的炉膛。要得到高温，第一需要燃料的燃烧值高，如硬木比松木燃烧值高，木炭比硬木燃烧值高，而煤比木炭燃烧效能高了 3 倍（按体积比）。燃烧值高，燃料燃烧发出的热量就大。第二需要充足的氧气，空气自然进入炉窑的流速很低，不能提供燃料充分燃烧的氧气需要，炉窑温度就高不了。只有在人工鼓风条件下，氧气增多，燃烧充分，炉窑温度才能提高。第三需要能够强化传热的炉窑结构。炉窑空间形状决定了热辐射强化程度，当炉窑形状为球形、椭球形，四周壁面处燃料发出的热量会向中央位置辐射，中央位置处的热量最集中，温度最高，炉窑四周壁面需要有保温层，防止热量的散发。炉窑的设计既不能使气流停留时间太短，也不能使气流停留时间太长。炉窑空间大小也是很关键的因素，太小，燃料装不多，太大，空气难以大量被鼓入。具备，并利用好这几个条件，才可以使炉窑产生高温。

　　我们的祖先为了掌握高温炉窑燃烧技术，不知道付出了多大的努力！从大地湾文化的陶器烧结温度 500℃ 到半坡文化彩陶烧结温度 700℃ 花了 2000 多年。到龙山文化黑陶器烧结温度 1000℃ 花了 2000 年。到春秋时代烧结瓷器和生铁冶炼温度 1200℃，又花了 1500 年；到东汉钢铁冶炼技术成熟以及瓷器烧制技术成熟所需温度 1300℃，煤开始被使用，花了近 800 年；再过 400 年，到了唐代，炉窑温度达到了 1400℃ 以上。

　　这是一条追求燃烧技术不断进步、提高对火的利用程度的漫漫长路。我们不知道走得快还是慢，我们只知道中国始终走在世界的

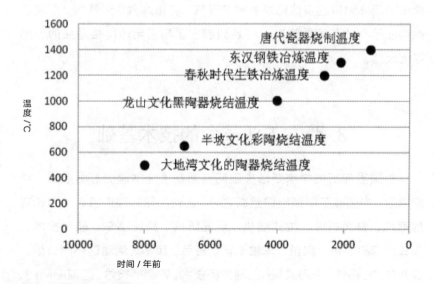

图 47　高温炉窑烧结和冶炼温度演变

最前面。

　　从春秋战国起中国就掌握了鼓风送氧、燃料组合、热处理技术；从汉代起开始利用煤，唐代起在冶炼中大量使用煤，宋代部分地区已经开采天然气。而欧洲直到中世纪，木柴还几乎是唯一燃料，这就无法达到液体铁冶炼的温度——1200℃。在这段时间里，除了中国之外，没有一个国家掌握高温炉窑燃烧技术。工业窑炉的创造和发展对人类进步起着十分重要的作用。中国在商代出现了较为完善的炼铜窑炉，窑炉温达到1200℃，窑炉子内径达0.8米。在春秋战国时期，人们在熔铜窑炉的基础上进一步掌握了提高窑炉温的技术，从而生产出了铸铁。

　　1794年，世界上出现了熔炼铸铁的直筒形冲天窑炉。自这时起，钢铁开始在世界各地大量生产。用煤、煤气或油作为燃料，后来用电作为热源。20世纪20年代后又出现了能够提高窑炉子生产率和改善劳动条件的各种机械化、自动化窑炉型。工业窑炉的燃料也随着燃料资源的开发和燃料转换技术的进步，由采用块煤、焦炭、煤粉等固体燃料逐步改用发生窑炉煤气、城市煤气、天然气、柴油、燃料油等气体和液体燃料，并且研制出了与所用燃料相适应的各种燃烧装置。

3. 西方工业革命的技术基础

　　美国当代历史学家斯塔夫里阿诺斯在《全球通史》中指出：唐宋以后，中国除了继续出口丝绸之外，还输出轮式碾磨机、水力轮式碾磨机、鼓风机械、拉式纺机、手摇纺机、独轮小车、航海技术、车式碾磨机、耕具胸带、车轴车辖、石弓、风筝、活动连环画转筒、深孔钻法、铸铁、卡丹式悬架、圆拱桥技术、铁索桥技术、运河闸闸门、航海制图法、船尾舵、火药火枪火炮、磁罗盘、航海罗盘、纸与造纸术、雕版印刷、活版印刷、活字印刷、瓷器和制瓷工艺等。另外还有活塞风箱、叶片式旋转风选机（用于筛选粮食或矿石）。而中国只从外国进口螺钉、液体压力泵、曲轴、钟表装置等四种技术和一些供贵族们享乐的珍宝异石。

英国历史学家约翰·霍布森在《西方文明的东方起源》中写道："工业大师是中国，而不是英国。中国'工业奇迹'的发生有1500多年历史，并在宋朝大变革时期达到了顶峰——这比英国进入工业化阶段早了约600年。……正是中国许多技术和思想上的重大成就的传播，才极大地促进了西方的兴起。"

从古代直到欧洲工业革命开始，中国一直是各种技术和先进设备输出国。中国的铸铁生产技术直到13世纪，才随同火药一起传到西欧。

长期以来，欧洲一直将木炭作为冶铁的唯一燃料，随着冶铁业的迅速发展，欧洲各地的森林资源很快就消耗殆尽。木材资源的枯竭，致使英国冶铁业日渐步入穷途末路。1720年，英国总共只剩下60座高炉，不得不从国外进口大量的生铁。1750年，英国有80%的铁来自森林资源丰富的瑞典。18世纪末期，英国的森林覆盖率下降到5%到10%。在森林资源同样稀缺的中国，很久以前就已经用煤来作为冶铁的燃料。随着煤炭开始在英国使用，才使英国率先从木器时代进入钢铁时代。1845年，美国企业家凯利从中国请来4位冶金专家到肯塔基城传授中国炼钢技术。1852年，该技术又扩散到英国，使钢铁大王贝塞麦于1856年在转炉中直接由生铁脱碳成钢。以前要几个星期才能炼成10吨钢，现在只需要十几分钟时间。大批量生产优质钢在费用上与铸铁和锻铁一样廉价，而此前钢的费用几乎等于锻铁费用的5倍。短短数年之间，钢的价格下降了一半，而产量翻了几番，大量廉价的钢材被用来制造各种工业机器、运输机器和战争机器。英国迅速由一个钢铁进口国崛起成为全球最大的钢铁出口国。1720 年英国铁产量仅为 2 万吨、1800 年 13 万吨，到 1850 年英国每年可产 250 万吨。1865 年，英国铁产量为 482 万吨，遥居世界第一。英国铁产量的迅速增长和价格下降，使铁便宜到足以用于一般的建设。铁很快就占领了木器主宰的传统领域，从桥梁、车辆、船舶到建筑。廉价的钢铁全面替代了已经枯竭的木材，建立在钢铁之上的工业时代全面来临。

19 世纪中期，由法国人马丁和德国人西门子合作发明的平炉炼钢法，是以中国早期设备和原理为基础的。现代社会的钢铁技术，其实是和中国古代的炒钢技术一脉相承，有着明确的传承关系。西方人请中国技术人员传授炼钢技术，所谓的贝氏转炉、平炉，就是在中国技术基础上发展起来的，由中国传入的炼制生铁和由生铁炼钢的技术，是欧洲钢铁工业发展的关键。由此，不难看出，中国的钢铁冶炼技术是欧洲工业革命开启的技术基础。

4. 现代钢铁工业

工业革命之后，钢铁成为最重要的工业产业。今天，钢铁工业，是世界所有工业化国家的基础工业之一。经济学家通常把钢产量或人均钢产量作为衡量各国经济实力的一项重要指标。钢铁工业亦称黑色冶金工业，生产生铁、钢、钢材、工业纯铁和铁合金。

铁矿石是钢铁工业的主要原料。焦炭是钢铁工业的燃料。钢铁工业除需要大量铁矿石、焦炭为主要原料外，尚需锰矿、石灰石、白云石、萤石、硅石及耐火材料等辅助材料。据有关资料统计，平均炼出一吨铁需要 1.6 吨辅助材料。锰矿称为黑色金属资源，它是铁合金原料，它能增加钢铁的硬度、延展性、韧性和抗磨能力，同时还是高炉的脱氧脱硫剂。

图 48　现代炼钢一角

图 49　现代炼钢车间

　　钢铁生产设备和企业规模一直向大型化方向发展。高炉炼铁在炼铁生产中一直占主导地位，并向着大型化、自动化和高效率的方向发展。20 世纪 70 年代中期，高炉大型化达到了高峰。在操作技术上，通过改善入炉原料质量，提高热风温度和炉顶压力，采用喷吹技术，回收利用二次能源，从而达到高产、优质、低耗。

中国钢铁工业发展遇到了两次重要机遇。中国实行改革开放政策，极大地加快了钢铁工业现代化建设的步伐。实现了钢产量 5000 万吨和亿吨两次突破。1986 年，中国钢产量（粗钢）超过了 5000 万吨，达到 5221 万吨。1996 年中国钢产量（粗钢）达到 1.0 亿吨，占世界钢产量的 13.5%，超过日本和美国，成为世界第一产钢大国。2000 年，中国钢产量为 1.28 亿吨。2015 年中国钢铁年产量达到 9 亿吨，是美国的 10 倍。2015 年中国出口钢 1 亿吨，比美国一年的钢产量 8000 万吨都多。产量高速增长，成为世界第一，彻底告别了钢材供不应求的时代。

图 50 钢材生产车间

5. 燃料

人类在使用火的过程中，先后使用的燃料有木材、秸秆、木炭、煤、天然气、石油、沼气等。这些燃料的热值，也叫燃料发热量各不一。以下是燃料的热值：

燃料名称	热值（kJ/kg）
焦炭	25.12～29.308
烟煤	20.93～33.50
木柴	12
原油	41.03～45.22
天然气	36.22
沼气	18.85
秸秆	3.5～5.3

木材是人类最早使用的燃料，远古时代，人类能够获取的也只有木材。木材是多种材料混合成的，因为各种成分不一样，成分的含量不一样，所以燃点不固定，一般在300℃～400℃。而木头的火焰温度大概在500℃～800℃。木质不一样，火焰温度也不太一样。

图 51 木材

　　木炭是木材或木质原料经过不完全燃烧，或者在隔绝空气的条件下热解，所残留的深褐色或黑色多孔固体燃料。木炭主要成分是碳元素，灰分很低。商代的青铜器和春秋战国时代铁器的冶炼大多用木炭。

图 52　木炭

煤炭

　　煤炭是古代植物埋藏在地下经历了复杂的生物化学和物理化学变化逐渐形成的固体可燃性矿物。

　　煤是烧制瓷器和冶炼钢铁最好的燃料。木炭也是冶炼钢铁的主要燃料。但木炭在加工过程中损耗极大。3 斤木材才能干馏出 1 斤木炭，而干馏还需要 3 斤木材，即木炭与木材之间的转化率是 1∶6。烧取木炭成为森林消失的重要原因。《天工开物》中记载中国冶炼铁的燃料中 70% 为煤炭，30% 为木炭。

　　中国在两千多年前的西汉时期，已懂得用煤炭作为燃料。大多数欧洲人在十三世纪还不知道煤的用途。故此，当意大利的马可波

图 53 煤炭

罗看到中国人用煤时，竟以为那是一种可以燃烧的「黑石头」。美国直到 1740 年，在弗吉尼亚州第一次开采出煤。欧洲也差不多在这个时期开始采煤炼铁。西方的采煤技术远远落后于中国；西方一直没有解决煤矿内的照明问题，采煤是在黑暗中摸索进行的。 在17 世纪，西方还没有解决排水问题，直到 18 世纪，他们还没有攻克采煤中的瓦斯和通风难题。

焦炭是烟煤在隔绝空气的条件下，加热到 950℃—1050℃，经过干燥、热解、熔融、粘结、固化、收缩等阶段最终制成的，这一

图 54　焦炭

过程叫高温炼焦。由高温炼焦得到的焦炭用于高炉冶炼、铸造和气化。

焦炭主要用于高炉炼铁和用于铜、铅、锌等有色金属的鼓风炉冶炼，起还原剂、发热剂和料柱骨架作用。

石油的性质因产地而异，密度为 0.8g—1.0g/cm^3，黏度范围很宽，凝固点差别很大（30℃—60℃），沸点范围为常温到 500℃以上。石油主要被用作燃油和汽油，燃料油和汽油组成目前世界上最重要的一次能源之一。开采的石油88%被用作燃料，12%作为化工业的原料。

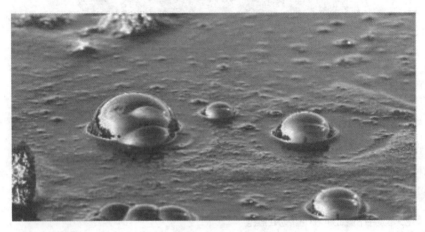

图 55 石油

十一、瓷器

随着人类对火的控制利用水平的提高，炉窑温度的提高，瓷器出现了。瓷器是我国对世界文明的伟大贡献之一。

瓷器是一种由瓷石、高岭土、石英石、莫来石等组成的，外表施有玻璃质釉或彩绘的物器。瓷器的烧制温度比陶器、青铜器、钢铁的烧制温度要高许多，达到1280℃—1400℃。瓷器表面的釉色会因为温度的不同而发生各种化学变化，形成不同色彩。

瓷器的发明要比青铜器和钢铁要晚，一个重要原因是烧制瓷器的炉窑需要更高的温度，对烧制技术的要求比陶器高的多。

在3600年前的商代，中国就出现了早期的瓷器，是从陶器发展而成的。由于在胎体上，以及在釉层的烧制工艺上都尚显粗糙，烧制温度较低，表现出原始性和过渡性，所以称其为"原始瓷"。早期瓷器以青瓷为主，在商代和西周遗址中发现的"青釉器"已经明显地具有瓷器的基本特征。它的质地较陶器细腻坚硬，胎色以灰白居多，烧结温度高达1100℃—1200℃，胎质基本烧结，吸水性较弱，器表面施有一层石灰釉。原始瓷从商代出现后，经过西周、春秋战国到东汉，历经了1600—1700℃年间的变化发展，由不成熟逐步到成熟。

　　和钢铁冶炼技术一样，瓷器烧制技术也是在汉代得到大发展和成熟。东汉至魏晋时制作的瓷器，从出土的文物来看多为青瓷。这些青瓷加工精细，胎质坚硬，不吸水，表面施有一层青色玻璃质釉。这种高水平的制瓷技术，标志着中国瓷器生产已进入一个新时代。宋代瓷器，在胎质、釉料和制作技术等方面，又有了新的提高，烧瓷技术达到完全成熟的程度。制造出了家家户户都有的大众瓷器，也制造出了大量绝世珍品。从唐开始，多姿多彩的瓷器大量出口到世界各地。

1. 历代瓷器的发展

　　唐代的陶瓷，技术上取得了重要的进步，陶瓷的产量和质量都有了很大提高。由于整个制瓷业技术的提高和改进，出现了大量瓷窑，

图 56　3500 年前商代青褐釉原始磁尊　　图 57　唐代瓷器

而在所有的窑口中，以南方烧制青瓷的越窑（今浙江余姚）和北方烧制白瓷的邢窑最受人们推崇，大体形成了"南青北白"的局面，越窑的青瓷和邢窑的白瓷代表了当时瓷制品的最高水平，同时著称于世。唐代邢窑生产的白瓷，其质量是十分精美的。釉色洁白如雪，造型规范如月，器壁轻薄如云，扣之音脆而妙如方响。同时，也因其数量增多，又因其物美价廉，除为宫廷使用外，还畅销各地为天下通用。

　　而相对于白瓷，唐时期的青瓷无疑在特色和艺术性上更为知名。青瓷可以说是唐宋时唐代瓷器期瓷器的代表，其在美感、质感、光泽程度上确实要比白瓷更为优秀。然而现在，中国的青瓷可以说是不怎么常见了，现在中国瓷器的发展，主要是以清代的青花、粉彩、珐琅为主体。虽然青瓷在中国已不再出名，却在韩国生根发芽，青瓷也早已成为韩国的国宝、韩国的专利了。

　　唐时期的瓷器不仅光洁玉润，象征着人性的饱满和谐。色调上更好用冷色调，清雅而不浮夸，从某中意义上说，也能反映出当时儒道中清谈无为、不与世争、戒骄戒躁的人文精神本质。在器形上也多崇尚大气圆和。在茶具上，唐宋茶具多以托盏、托杯为主，直接影响到日韩，而后来的茶具，多倾向于盖碗、明清式提梁壶、紫砂，因此也很少见到唐

图 58 唐三彩

宋时期的茶具样式了。

唐代的瓷器，华丽中透着典雅，典雅中又不忘增添几分光华与锋芒，所以，典雅与华美，在唐时期的瓷器艺术上，才完全做到了相辅相成，相得益彰。

唐三彩：唐代的瓷器以单色釉为主，然而陶器却有十分富丽的彩釉，这种彩釉陶一般有黄、绿、紫、褐、蓝等色，近年来还发现有黑色釉。因为一件彩陶上基本有三种以上的色彩，故世人称之为"三彩"。彩陶早在北齐就已出现，安阳北齐范粹墓和濮阳北齐李云墓出土有彩釉陶器，唐三彩的斑驳淋漓的彩釉形成了它独特的艺术风格。唐三彩陶的造型有器物和人物，其中俑是富有特色的雕塑艺术，在中国美术史上有着重要的意义。

唐三彩对国外同类艺术有巨大影响，其传到朝鲜以后，当地人民在它的基础上创制成一种彩陶，名为"新罗三彩"；日本仿制三彩也得到成功，称为"奈良三彩"。

图 59　宋代瓷器

　　宋代是中国的瓷器艺术臻于成熟的时代。宋瓷在中国陶瓷工艺史上，以单色釉的高度发展著称，其色调之优雅，无与伦比。当时出现了许多举世闻名的名窑和名瓷，被西方学者誉为"中国绘画和陶瓷的伟大时期"。在灿若繁星的宋代各大名窑中，景德镇青白瓷以其"光致茂美""如冰似玉"的釉色名满天下，而其中以湖田窑烧造的青白瓷最为精美，冠绝群窑。它的胎土采用当地高岭土，素白细密，洁净紧实，经过一道道繁复的工序，成就了冰肌玉骨，秀色夺人的艺术效果。烧造出的青白釉瓷器色泽莹润，清素淡雅，纯净细腻。

　　宋代是中国陶瓷发展的辉煌时期，不管是在种类、样式还是烧造工艺等方面，均位于巅峰地位。难怪当代陶瓷收藏家对手中的每一款宋代瓷器都会爱不释手：钧瓷的海棠红、玫瑰紫、好似晚霞般光辉灿烂，其"窑变色釉"釉色变化如行云流水。汝窑造型最丰富，来源于生活，如宫中陈设瓷，瓷釉显得晶莹柔润，犹如一盅凝脂。翠绿晶润的"梅子青"是宋代龙泉窑中上好的青瓷。被美术家誉为"缺陷美"和"瑕疵美"的宋代辞瓷（又名冰裂、断纹）令人玩味无穷，其"油滴""兔毫""玳瑁"等结晶釉正是宋人的创举。宋代定窑的印花、耀窑的刻花是瓷器装饰手法的新贡献。唐、五代时期窑工们创造的越窑如冰似玉的"千峰翠色""秋色"和邢窑白瓷，已不能同宋瓷争高低了。

　　宋代，汝窑胎质细腻，工艺考究，以名贵玛瑙入釉，色泽独特，随光变幻。其釉色，如雨过天晴，温润古朴，其釉

图 60　宋代　汝窑瓷器

面，平滑细腻，如同美玉。器表呈蝉翼纹般细小开片，釉下有稀疏氧泡，在阳光下时隐时现，似晨星闪烁，在胎与釉结合处微现红晕，给人以赏心悦目的美感、莹润如堆脂的质感。

宋代的瓷器制作达到了很高的水平，美轮美奂，在制瓷工艺上达到了一个新的美学境界。各地炉窑，如钧窑，汝窑、磁州窑、景德镇窑、龙泉窑、哥窑、耀州窑等都烧制出大量绝世精品。

钧瓷始于唐盛于宋，为我国著名的五大名瓷之一，是中国历史

图 61 钧瓷 窑变之美

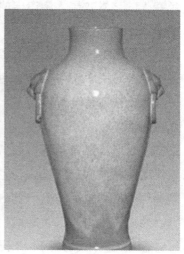

图 62 钧瓷 唐花釉

上的名窑奇珍，距今已有一千三百多年的历史，被誉为"国之瑰宝"。自宋徽宗起被历代帝王钦定为御用珍品，入住宫廷，只准皇家所有，不准民间私藏。在宋代就享有"黄金有价钧无价""纵有家产万贯，不如钧瓷一件"之盛誉。

钧瓷之所以受到人们的青睐，一件钧瓷产品需具备以下几个重要因素：一是钧瓷的窑变艺术，钧瓷属北方青窑系统，其独特之处是使用一种乳浊釉，即通常说的窑变色釉。入窑一色，出窑万彩，

图 63 元代青花瓷

图 64 明代瓷器

高温烧制后，会产生出如夕阳晚霞，或如秋云春花，大海怒涛，万马奔腾等。钧瓷烧制技术非常精细，烧制也极其困难，常有"十窑九不成"之说。窑变原理就是釉料矿物在炉火高温下转化呈色的物理化学现象。好的窑变效果的形成所需要的因素非常复杂，它需要性能良好的窑炉、器物在窑中的最佳位置以及科学的烧成制度等因素的巧妙组合才能实现。其烧成品不仅与创造者的内在因素有关，还与诸种原材料、加工过程、加工设备、技术层面、地理环境、温度、风向、湿度有关。就是在人们对窑变现象有了相当认识和了解的今天，人们对窑变效果也不能完全掌握，往往是招之不来、不期而至，这也更增添了钧瓷艺术震撼人心的魅力。

钧官窑为皇家烧制贡品，只求器物精美，可以不计工时，不计成本，好的送入宫廷，坏的打碎深埋，不准流入民间，因而工匠们得以把最为动人心魄的窑变精品呈现出来。这些工匠在长期实践过程中，创造性地建造了结构合理、性能优良的双乳状火膛柴烧窑炉。这种窑炉火网面积大，能使柴质快速燃烧，升温迅速。火苗柔和，

图 65 明代青花瓷

图 66 明代成化斗彩鸡缸杯

窑内温度分布均匀，有利于窑变效果的形成。同时，工匠们也研制了科学的钧釉配方，铜红釉的使用就是其中之一。正如《中国陶瓷史》中所述：宋代的钧窑首先创造性地烧造成功铜红釉，这是一个很了不起的成就。钧红釉的创烧成功开辟了新的美学境界，对后代的陶瓷事业的发展产生了深远的影响。数十年之间，宋钧官窑将钧瓷窑变艺术推向了前所未有的高度，创造了钧瓷艺术的辉煌。

宋钧特别是官钧窑的作品，窑变釉色自然温润，真正体现出火的艺术。我们能看到的宋钧瓷窑变釉色大体上分为三类：一是窑变单色釉，主要有月白、湖蓝、天青、豆绿等；二是窑变彩斑釉，以天蓝红斑或乳白紫晕为代表；三是窑变花釉，主要有丹红、海棠红、霞红、木兰紫，丁香紫等品种。其中以窑变花釉的

图 67 清代青花釉里红瓷

艺术价值为最高，因为它最能代表钧瓷自然窑变的风格神韵。大多数意境精妙的景观图画，都是由花釉窑变自然形成，从而使瓷器成为艺术珍品。

明代的彩瓷发展有一个新的飞跃。明代永乐、宣德之后，彩瓷盛行，除了彩料和彩绘技术方面的原因之外，更主要地应归功于白瓷质量的提高。明代釉上彩常见的颜色有红、黄、绿、蓝、黑、紫等，最具代表性的为成化斗彩。斗彩是釉下青花和釉上彩色相结合的一种彩瓷工艺。例如成化斗彩器的釉上彩，彩色品种多且能据画面内容需要自如配色，其鸡冠的红色几乎与真鸡冠一致，葡萄紫色则几乎是紫葡萄的再现。所以，彩瓷器一般都十分精巧名贵，如举世闻名的成化斗彩鸡缸杯等。

2. 国外瓷器与中国的渊源

历史上，德国陶艺和中国瓷艺曾有很深的渊源。从产生到发展的过程中，麦森瓷器可以说是在大量模仿中国瓷器的基础上产生的。东方瓷器从 17 世纪开始大批量抵达欧洲，瓷器白色的胎质和细腻的胎体令许多欧洲人爱不释手。由于瓷器具有不腐蚀、无杂味、

图 68　日本瓷器

易清洗等优点，比早期的金属餐具更有优势。除了用于餐饮，很多中国瓷器还被用来作为装饰和收藏品。早期麦森瓷器是模仿中国瓷器，包括混合欧洲元素的仿中国瓷器，以及想象的东方风格主题瓷器绘画装饰。麦森瓷器的模仿范围比较广泛，不仅有类似中国纹样的青花、粉彩瓷器，也有以釉彩为主要装饰的白瓷、青瓷等。荷兰的德尔夫特等欧洲的陶瓷作坊也模仿中国瓷器的风格和技法。

千百年来，日本与中国有一直交流。中国的汉字、儒学、诗书画、佛教、学制、典章制度等，都对日本产生了全面影响。中国的瓷器和工艺也同样深刻的影响着日本地生活和发展。中国与日本的海上通道公元前二世纪就已开通。浙江越窑青瓷输往日本是在唐代中后期，这时输入日本的瓷器品种很多，有唐三彩、青瓷、白瓷和釉下彩瓷等。

七世纪末，唐三彩开始传到日本，是由当时的遣唐使船只带去的。现在日本已有十个地方发现了这些出土品，特别是在奈良的大安寺，一下子出土了三十几件唐三彩。唐三彩的传入，对日本的制陶工艺

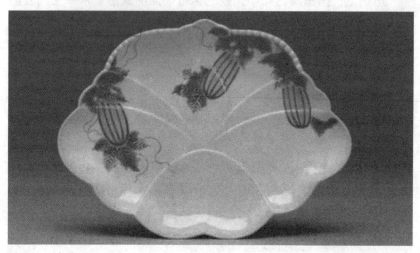

图 69　日本瓷器

而言，是一次革命性的促进。三彩的技术无疑是取自中国，但日本人在仿制的时候，也体现出了自己民族的特色。在形态上，它基本上没有神像人俑或马和骆驼等的造型，而是多为日常的容器，或是摹仿铜

图 70 日本瓷器

合金佛用器具烧制成的壶、瓶、钵、盘、碗等。在釉色上，它也不像唐三彩那样显得五彩斑斓、华丽多姿，而是更多地敷施了绿釉，整个陶器多以绿釉为基调，显得比较素朴，甚至带些稚气。日本人一直对绿色情有独钟，这与日本民族爱好自然有关。目前，三彩陶器藏品最丰富的是集中在奈良正仓院的 57 件作品，被称之为正仓院三彩，又称为奈良三彩。日本瓷器可以说是在仿制基础上不断创新。

日本瓷器始于江户时代初期（17 世纪），相当于中国的明代万历年间，朝鲜陶工李参平在日本佐贺县有田郡泉山发现优质瓷土并开窑烧制瓷器成功，开始生产日本最早的白瓷，相比陶器，这种瓷器又薄又轻，结实美观，立刻风靡全日本，被称为"有田烧"。李参平也被尊封为"陶祖"，因此日本早期的瓷器深受朝鲜李朝白瓷的影响。后来随着中国瓷器涌入日本，中国瓷器的风格特别符合东方人的审美情趣，日本的陶工们开始仿制各种风格的中国瓷器，如五彩、青花、青瓷等，如中国的"万历五彩"被日本称为"万历赤绘"，"天启五彩"被称为"南京赤绘"，康熙五彩被称为"康熙赤绘"。在西方被称为"克拉克瓷"的青花分格开光盘在日本则被称为"芙蓉手"。

在日本江户时期的和平年代中，中国瓷器和它们的日本仿制品大量取代传统的陶器、漆器和金属器，成为日本诸侯之间互相馈赠的礼物和平民日常生活必需品。这些日本的中国瓷器仿制品也开始远销欧洲，西方人很难分清中国瓷器和日本仿制品的区别，甚至有些日本仿制品上也出现了"大明成化年制""大明万历年制""富贵长春"等款式。

3. 在国外的中国瓷器

从公元前 1600 年开始，在长达 3300 多年的时间里，只有中国才能烧制出瓷器。

东汉时，陶瓷已经出口到了波斯湾。欧洲所见最早的文献记载是葡萄牙航海家科尔沙利等人于明正德九年（1514 年）来到中国，买去景德镇的五彩瓷器 10 万件，运回葡萄牙。1522 年葡萄牙国王下令所有从东印度回来的商船所载货物的三分之一必须是瓷器。在中国瓷器进入欧洲以前，欧洲人日常使用的器皿以陶器、木器和金属器皿为主，使用最多的是粗糙、厚重的陶器。虽然中国瓷器在很早以前就已经传到了欧洲，但是数量非常稀少，而且往往被当成最珍贵的礼物送给国王和贵族，百姓是看不到的。也因此很多人都不知道瓷器是什么做的。就连当时进口中国瓷器最多的葡萄牙，也不清楚中国瓷器的成分。葡萄牙代理商巴尔伯沙认为中国瓷器是以贝壳制作的。潘奇洛李也在其著作中认为瓷器的成分包括破碎的贝壳、蛋壳以及石膏。

从 16 世纪到 18 世纪这 200 年间，瓷器成为欧洲皇室和贵族们炫耀地位的标志，也是财富最主要的象征。葡萄牙王后、公主的手镯都是中国瓷器，葡萄牙国王赠送给意大利国王的礼物也常常是中国瓷器，葡萄牙王后委托人在中国订烧自己肖像的餐具，赠送给有功的士兵。

　　1587 年，英国女王接受了财政大臣赠送的新年礼物——中国的白瓷碗，瓷器这个名称开始在英国传播。到了 17 世纪，英国女王二世用中国瓷器作为皇宫饰品，把整个皇宫装点得富丽堂皇，在英女王二世的带动下，当时，一切有权势和富足的人家，都把拥有中国瓷器的多少，看做是拥有财富多少和权势大小的象征。中国的瓷器、丝绸、漆器和茶叶，成了欧洲上层争相追逐取得的对象。

　　法国国王路易十四甚至命令宰相马扎兰创立了"中国公司"来华订制带有法国甲胄、军徽、纹章、家族人像等图案的瓷器，这些纹章瓷器都是按照他们的设计图样由中国工匠烧制，当这种青花瓷器、彩瓷器出现在欧洲大陆时，又掀起了一股收藏与订制中国瓷器的狂潮，许多欧洲国家的王公贵族为了显示自己的富有和权势的显赫，专门设计了自己家族的族徽，这些徽记由各种动物、双翼飞人、各种变形文字、各种花卉组成，有的王室成员家用的瓷器上，还设计有皇冠的图案。俄国的彼得大帝在康熙年间就向中国订制各种瓷器，其中就有双鹰国徽的图案。由于这类瓷器是专门烧造，所以在用料、做工上都十分精致，以至被人们称为外销瓷中的"官窑"。1651 年，荷兰联合省执政弗雷德莱克·亨利的女儿嫁给德国勃兰登堡选帝侯，嫁妆就是一大批中国瓷器。而 1662 年英国查理二世与葡萄牙王室联姻，葡萄牙公主也带来了瓷器做嫁妆。

　　当时德国萨克森的奥古斯特二世，对中国瓷器的热爱已经到了狂热的程度。1717 年，他以 600 名全副武装的萨克森骑兵，向普鲁士帝国腓特烈·威廉一世换取了 127 件中国瓷器，其中有 18 件高度在 90 ～ 130 厘米以上的青花瓶，这些瓶子被人们称作"龙骑兵瓷"，而今还有部分收藏在德国德累斯顿美术馆。

　　从 17 世纪到 18 世纪，中国对欧洲的外销瓷器贸易达到了极盛，英国、法国、美国、荷兰、西班牙、瑞典、丹麦等国都在广州设立商馆大量的中国瓷器也就通过这一个个商馆以及所属它们的贸易公司，行销到了世界各地。欧洲学者根据荷兰东印度公司的统计资料显示，从 1602—1682 年，80 年间，就有 1600 万件中国瓷器被荷兰商船运到荷兰和世界各地。从 1732 年到 1806 年，瑞典东印度公司共组织过 130 次亚洲之航，其中只有 3 次到达印度，其余都以中国广州为目的地。1745 年，瑞典东印度公司的"哥德堡号"在回程到哥登堡附近沉没，一起沉没的仅瓷器就有 50 多万件。

《中国青年报》记者冯玥曾在"镜子中看中国"一文中说"在瑞典哥德堡市的东印度公司，杨卫民看过一份清单，1723 年至 1735 年间，瑞典进口中国瓷器 2500 万套，同一时期荷兰的数字是 7500 万套"。而据西方学者焦革研究，1729—1794 年 65 年中，仅荷兰东印度公司便运销瓷器达 4300 万件。

从 1708 年到 1802 年，英国东印度公司的商船一共航行了 790 次，这一时期正是欧洲进口瓷器的高峰期，而 18 世纪荷兰东印度公司的商船一共航行了 2600 多次。粗略的估计 18 世纪欧洲所进口的中国瓷器至少超过一亿件。从有记载的 16 世纪初到 18 世纪中叶，在这两百多年的时间里，估计有一亿五千万到两亿件瓷器运往欧洲作为器皿被使用和作为收藏品被收藏。16 至 18 世纪，中国瓷器通过海上航线大量出口欧洲，促进了西方制瓷工业的诞生和迅速崛起。欧洲瓷因中国瓷而兴起，成为 18 世纪到 19 世纪中期欧洲最为重要的工业之一，同时带动了欧洲工业革命，也为当时的欧洲创造了巨大的财富，并形成了欧洲辉煌的瓷器艺术。

欧洲直到 18 世纪才制造出瓷器。1705 年，清朝建立 61 年后，德国萨克森的奥古斯特二世迫使死刑囚犯、年轻的炼金术师贝特格研究烧制瓷器的方法，在被囚禁 3 年后的 1708 年，贝特格终于在污秽高温的地牢中成功地烧出白色透明的小土片。经过不断的改良和创新，形成了商品。自 1731 年起，贝特格指导工厂建大炉窑来提高烧瓷温度，不断提高质量并进行量产。早期出产的瓷器色调灰暗，瓷器的装饰图案也大多带有明显的中国色彩，中国神话传说、花鸟鱼果原样照搬。法国人在中国学习了多年，1768年才有了自己的瓷器。英国是因为有英国人在法国烧制瓷器，稍后于法国，也有了自己的瓷器，由此开始了欧洲的瓷器工业生产。

从瓷器的发展史可以看到，随着烧制瓷器的炉窑温度从商代的1100℃提高到春秋时代的1200℃，再到东汉时代的1300℃，唐宋后有的达到1400℃左右。瓷器进入成熟阶段。除了瓷器特有的材料和制作工艺以外，高温炉窑燃烧技术决定了瓷器的质量。

历史上西方列强曾大肆掠夺中国珍宝、艺术品。据联合国科教文组织披露，中国流失海外文物多达164万件。如今，一部分文物已被追回，大部分仍流落海外。若看看世界上几个最大博物馆里的几件中国瓷器，就能感觉到中国瓷器工艺水平所表现出来的是如此高超、如此的美轮美奂。

（1）美国大都会艺术博物馆里的中国瓷器

美国纽约大都会博物馆是全世界范围内收藏中国文物最丰富的几个大博物馆之一，它所收藏的中国历代瓷器从早期青瓷、白瓷，

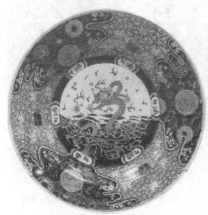

图71　清代瓷器

图72　乾隆粉彩庭院戏马纹盘
登峰造极，极尽奢靡

唐代长沙窑、三彩,宋代定、汝、官、哥、钧五大名窑,到元代青花、釉里红,明、清之际的景德镇青花、红釉、黄釉、斗彩、五彩、墨彩等等,可谓应有尽有。

　　釉上彩发展到了乾隆时期,一改前朝的以淡雅的蓝绿色调为主,发展到以宝石红及粉色为基色的奢靡阶段。这时期的彩绘经常看到三种新的颜色:半透明的宝石红色、不透明的白色和不透明的黄色。

图 73　北宋定窑玉壶春瓶 高 24.4cm

图 74　清代瓷器

图 75　明嘉靖五彩鱼藻纹罐 高 23.2cm

图 76　明宣德 青花游龙纹大扁
壶高：47 厘米

这个纹盘便是乾隆粉彩的一个代表，正是因为诸种彩色的多样化运用，才将这一骑马的场景绘制的惟妙惟肖。

(2)　大英博物馆里的中国瓷器

大英博物馆是世界三大博物馆之一，也是收藏中国流失文物最多的一家，竟达 2.3 万件。大英博物馆所藏中国文物囊括了远古石器、商周青铜器、魏晋石佛经卷、唐宋书画、明清陶瓷以及 45 卷《永乐大典》等超级国宝，可谓门类齐全，时间则跨越了中国各个历史时期。

图 77　清代瓷器

图 78　清代瓷器

图 79　精美瓷器

图 80 精美瓷器

图 81 江西景德镇大维德花瓶

图 82 精美瓷器

若论瓷器，图 81 这对花瓶是现存最重要的青花瓷之一，也很可能是世界上最著名的瓷瓶了。瓷器本身是元青花中的精品，造型挺拔，俊秀，难得的是成对的，保存完好；龙凤纹、云纹、缠枝莲纹、象鼻瓶耳，装饰完美，画工精湛。飞龙，生动，笔法流畅，瓶上有铭文。

20 世纪 20 年代，旅英华裔古玩商吴赉熙带着一对罕见的青花云龙象耳瓶来到琉璃厂，请当时古玩行的高手掌眼并打算出售。这对瓷瓶原供奉于北京智化寺，其中一件的颈部记有 62 字铭文："信州路玉山县顺城乡德教里荆塘社奉圣弟子张文进，喜舍香炉花瓶一付，祈保阖家清吉子女平安。至正十一年四月良辰谨记，星源祖殿胡净一元帅打供。"遗憾的是这对珍贵的文物被当时几乎所有的"高手"认为是赝品而拒之门外，"元代无青花"几乎是当时中国古玩行的"共识"，中国人在自己的家门口失去了首先认识元青花的机会，最后这对象耳瓶被英国的一位中国古陶瓷收藏家大维德爵士收藏。当这对云龙象耳瓶出现在伦敦时，首先引起了英国大英博物馆的中国古陶瓷学者霍布森的注意和认可，他于 1929 年发表了"明以前的青花瓷"一文，介绍了这对带有元至正十一年（公元 1351 年）纪事款的青花云龙纹象耳瓶，但是霍布森的发现并没有引起当时学术界很大的反响。1952 年美国佛利尔艺术馆的中国古陶瓷学者波谱博士发表了"14 世纪青花瓷器：伊斯坦布耳托布卡普宫所藏一组中国瓷器"，1956 年又发表了"阿德比耳寺收藏的中国瓷器"。他以大维德收藏的这对瓶为标准器，对照土耳其和伊朗两地博物馆收藏的几十件与之风格相近的中国瓷器，将所有具有象耳瓶风格的青花瓷定为 14 世纪青花瓷，从此元青花受到了全世界中国古陶瓷学者的重视和公认。中国学术界将这种类型的青花瓷定名为"至正型"元青花，这对瓶也被称为大维德瓶，成了公认的"至正型"元青花断代标准器。

图 83 明代瓷器

图 84 精美瓷器

（3）法国吉美博物馆里的中国瓷器

法国吉美博物馆实质上为卢浮宫的亚洲部。该馆收藏中国珍贵文物之多，全世界博物馆无出其右，其中中国历代陶瓷器 1.2 万余件，居海外博物馆中国瓷器收藏之首。

吉美馆藏瓷器从中国最早的原始瓷器一直到明清的青花、五彩瓷，各

图 85 精美瓷器

图 86 精美瓷器

图 87 精美瓷器

图 88 精美瓷器

个朝代各大名窑的名品应有尽有，且多为精品，几乎组成了中国瓷器的整个体系。

（4）东京国立博物馆里的中国瓷器

东京国立博物馆是日本最大的博物馆，收藏的 11 万多件文物，个个都有着珍贵的历史和艺术价值，其中有日本政府所指定的 87 件国宝和 610 件重要文化财产，而这些顶级文物中有一批是来自于中国的，包括大量的中国瓷器。

图 89 精美瓷器

不知道你看了这些瓷器，会有些怎样的感觉？怎样的评论？

图 90 精美瓷器

图 91 精美瓷器

十二、蒸汽时代的火

从这个时代开始，人类文明以前所未有的速度向前发展。蒸汽机加速了人类文明的进程。同样地，人类对火和光的控制与利用成为这个时代发展的主线，由燃烧产生出的能量被大规模使用。

1. 瓦特与蒸汽机

工业革命发生的一个主要原因是因为蒸汽机的改良。16 世纪末到 17 世纪后期，英国的采矿业，特别是煤矿，已发展到相当的规模，单靠人力、畜力已难以满足排除矿井地下水的要求，而现场又有丰富而廉价的煤矿作为燃料。现实的需求促使许多人致力于"以火力提水"的探索和试验。1698 年托马斯·塞维利、1712 年托马斯·纽科门和 1769 年詹姆斯·瓦特制造了早期的工业蒸汽机，他们对蒸汽机的发展都做出了贡献。瓦特并不是蒸汽机的发明者，在他之前，早就出现了蒸汽机，即纽科门蒸汽机，但它的耗煤量大、效率低。瓦特的创造性工作使原来只能提水的机械，成了可以普遍应用的蒸

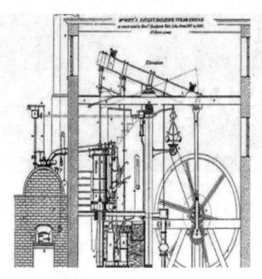

图 92 瓦特改良的蒸汽机构造图

汽机，并使蒸汽机的热效率成倍提高，煤耗大大下降。因此瓦特是蒸汽机的改良者。

瓦特年轻的时候去了伦敦当学徒，学习手艺，二十岁时回到格拉斯哥。由于一位商人捐给了格拉斯哥大学一批天文仪器，于是瓦特便在格拉斯哥大学谋到了一个职位，负责组装调试这批仪器，并且学校给了他一间单独的工作室。利用这间工作室，瓦特勤奋学习，不仅学会了法语、意大利语和德语，还关注科学发展的动态，经常向格拉斯哥大学的教授们请教以及交流科学问题。当时的罗比森教授曾这样夸赞只有二十二岁的瓦特：我希望找到一个工人，但我却遇到了一位哲学家。

1763 年，格拉斯哥大学物理学教授希望瓦特修理一台已经废置的纽科门动力机，以便用于物理课的实习。瓦特花费了一年多的时间找到了问题的症结，并作出了改进。大约在 1765 年，格拉斯哥大学教授布莱克介绍瓦特认识了企业家罗巴克，因为罗巴克知道了瓦特的发明和其价值，他想将瓦特的蒸汽机运用于自己的煤矿抽水。但在合作了一段时间之后，罗巴克因企业经营不善而破产，无力继续投入资金支持，同时已初步改进的蒸汽机也还未完全成型。这样，两人的合作不得不结束。尽管如此，罗巴克的支持对瓦特来说还是起到了至关重要的作用。直到晚年，瓦特仍然感激地回忆道：

我的努力所能达到的成功，大部分应当归功于他的友好鼓励、他对科学发现的关心，以及他对这一发现的应用的思考。就在此时，另外一位企业家马修·博尔顿，为了扩大自己的企业生产规模，他需要改善动力系统，而瓦特的蒸汽机如果能够得到应用则刚好能够满足他的需要。在博尔顿的邀请下，瓦特来到了伯明翰，终于在1774年，成功地完成了蒸汽机在工业生产中的应用。这一发明，从此不仅为英国的工业革命开启了新的历程，也改变了世界文明发展的进程。人类由此摆脱了依靠自然之力，开始使用机器作为生产的动力，极大地提高了生产的效率，迅速进入到了工业社会。

2. 工业革命

18世纪60年代—19世纪中期，人类开始进入蒸汽机时代。

在英国，为了从矿井里抽水和转动新机械的机轮，急需有一种

图 93 工业革命景象

图 94 蒸汽轮船

新的动力之源。结果引起了一系列发明和改进，直到最后研制出适宜大量生产的蒸汽机，并用于矿井抽水、纺织厂、炼铁炉、面粉厂和其他工业提供动力。蒸汽机提供了治理和利用热能、为机械供给推动力的手段。因而，它结束了人类对畜力、风力和水力由来已久的依赖。一个巨大的新能源为人类所获得，而且不久，人类还能开发其他矿物燃料，即石油和天然气。

棉纺织工业到 1830 年时完全实现了机械化。新发明中，水力纺纱机、多轴纺纱机和走锭纺纱机都是十分出色的。水力纺纱机能在皮辊之间纺出又细又结实的纱；用多轴纺纱机，一个人能同时纺 8 根纱线，后来是 16 根纱线，最后为 100 多根纱线。到 19 世纪 20 年代，动力织机在棉纺织工业中基本上已取代了手织织布工。新的棉纺机和蒸汽机需要铁、钢和煤的供应量增加。这一需求则通过采矿和冶金术方面的一系列改进而得到满足。原先，铁矿石是放在填满木炭的小熔炉里熔炼。森林的耗损迫使制造人求助于煤；正是在此时，即 1709 年，亚伯拉罕·达比发现，煤能够变为焦炭，正如木头可以变成木炭一样。焦炭证明是和木炭一样有效的，而且便宜得

图 95　棉纺织业

多。达比的儿子研制出一个由水车驱动的巨大风箱，从而制成第一台由机械操纵的鼓风炉，大大降低了铁的成本。1760 年，约翰·斯米顿作了进一步的改进；他抛弃了达比所使用的由皮革和木头制成的风箱，用一个泵来代替，此泵由四个装有活塞和阀门的金属气缸组成，并由水车驱动。亨利·科特生产出比原先易碎的熔融生铁或生铁更有韧性的熟铁。当时，为了跟上制铁工业发展的不断上升的需要，采煤技术也有了改善。极为重要的是蒸汽机用于矿井排水，还有 1815 年汉弗莱·戴维爵士发明的安全灯；安全灯大大减少了开矿中的危险。

英国到 1800 年时生产的煤和铁比世界其余地区合在一起生产的还多。更准确地说，英国的煤产量从 1770 年的 600 万吨上升到 1800 年的 1200 万吨，进而上升到 1861 年的 5700 万吨。同样，英国的铁产量从 1770 年的 5 万吨增长到 1800 年的 13 万吨，进而增长到 1861 年的 380 万吨。铁已丰富和便宜到足以用于一般的建设。

纺织工业、采矿工业和冶金工业的发展引起对改进过的运输工具的需要，这种运输工具可以运送大宗的煤和矿石。朝这方向的最重要的一步是在 1761 年迈出的。那年，布里奇沃特公爵在曼彻斯特和沃斯利的煤矿之间开了一条长 7 英里的运河。曼彻斯特的煤的价格下降了一半；后来，这位公爵又使他的运河伸展到默西河，为此耗去的费用仅为陆上搬运者所索取的价格的六分之一。这些惊人的成果引起运河开凿热，使英国到 1830 年时拥有 2500 英里的运河。

与运河时代平行的是伟大的筑路时期。道路起初非常原始，人们只能步行或骑马旅行。逢上雨季，装载货物的运货车在这种道路上几乎无法用马拉动。1850 年以后，一批筑路工程师——约翰·梅特卡夫、托马斯·特尔福德和约翰·麦克亚当发明了修筑铺有硬质路面的技术。乘四轮大马车行进的速度从每小时 4 英里增至 6 英里、8 英里甚至 10 英里，夜间旅行也成为可能，因此，从爱丁堡到伦敦的旅行，以往要花费 14 天，这时仅需 44 小时。

1830 年以后，公路和水路受到了铁路的挑战。首先出现的是到 18 世纪中叶已被普遍使用的钢轨或铁轨，它们是供将煤从矿井口运到某条水路或烧煤的地方用的。据说，在轨道上，一个妇女或一个孩子能拉一辆载重四分之三吨的货车，一匹马能干 22 匹马在普通道路上所干的活。第二个是将蒸汽机安装在货车上。这方面的主要人物是采矿工程师乔治·斯蒂芬孙，他首先利用一辆机车把数辆煤车从矿井拉到泰恩河。1830 年，他的机车"火箭号"以平均每小时 14 英里的速度行驶 31 英里，将一列火车从利物浦牵引到曼彻斯特。短短数年内，铁路支配了长途运输，能够以比在公路或运河上所可能有的更快的速度和更低廉的成本运送旅客和货物。到 1838 年，英国已拥有 500 英里铁路；到 1850 年，拥有 6600 英里铁路；到 1870 年，拥有 15500 英里铁路。

蒸汽机还被应用于水上运输。从 1770 年起，苏格兰、法国和

图 96 蒸汽火车

美国的发明者就在船上试验蒸汽机。第一艘成功的商用汽船是由美国人罗伯特·富尔顿建造的。他曾前往英国学习绘画，但是与詹姆斯·瓦特相识后，转而研究工程学。1807 年，他使自己的"克莱蒙脱号"汽船在哈得逊河下水。这艘船配备着一台驱动明轮的瓦特式蒸汽机，它溯哈得逊河面上，行驶 260 公里，抵达奥尔巴尼。其他发明者也以富尔顿为榜样，其中著名的有格拉斯哥的亨利·贝尔，他在克莱德河两岸为苏格兰的造船业打下了基础。早期的汽船仅用于江河和沿海的航行，但是，1833 年，"皇家威廉号"汽船从新斯科舍行驶到英国。5 年后，"天狼星号"和"大西方号"汽船分别以 16 天半和 13 天半的时间朝相反方向越过大西洋，行驶时间为最快的帆船所需时间的一半左右。1840 年，塞缪·肯纳德建立了一条横越大西洋的定期航运线，预先宣布轮船到达和出发的日期。到 1850 年，汽船已在运送旅客和邮件方面胜过帆船，并开始成功地争夺货运。

在通信联络方面也引起了一场革命。以往，人们只有通过运货马车、驿使或船才能将一个信件送到一个遥远的地方。然而，19 世纪中叶，英国人查尔斯·惠斯通与两个美国人塞缪尔·莫尔斯和艾尔弗雷德·维耳发明了电报。1866 年，人们铺设了一道横越大西洋的电缆，建立了东半球与美洲之间直接的通信联络。

到了 21 世纪初，人类能够凭借汽船和铁路越过海洋和大陆，能够用电报与世界各地的同胞通信。这些成就和生产出成本低廉的铁、能同时纺 100 根纱线的成就一起，表明了工业革命这第一阶段的影响和意义。这一阶段使世界统一起来，统一的程度极大地超过了世界早先在罗马人时代或蒙古人时代所曾有过的统一程度。

以蒸汽机的发明与使用为标志的工业革命是人类文明发展中一次伟大的革命。工业革命首先是对能源的革命。煤炭代替木材，被大量使用，得到的能源被广泛利用。蒸汽机、煤、铁和钢是促成工业革命技术加速发展的四项主要因素。

第二次工业革命

19 世纪下半叶—20 世纪初，人类开始进入电气时代，并在信息革命、资讯革命中达到顶峰。

在 1870 年前后，先后出现了两个重要的发展——科学开始大大地影响工业，大量生产的技术得到了改善和应用。

科学在初期对工业没什么影响。纺织工业、采矿工业、冶金工业和运输业方面的种种发明，极少是由科学家们做出的。相反，它们多半是由极具才能的技工完成的。1870 年以后，科学开始起了更加重要的作用。渐渐地，它成为所有大工业生产的一个组成部分。工业研究的实验室装备着昂贵的仪器，配备着对指定问题进行系统研究的训练有素的科学家，它们取代了孤独的发明者的阁楼和作坊。早先，发明是个人对机会做出响应的结果，而如今，发明是事先安排好的，实际上是定制的。沃尔特·李普曼已恰当地将这种新形势描述如下：从最早的时代起，就有机器被发明出来，它们极为重要，如轮子，如帆船，如风车和水车。但是，在近代，人们已发明了作出发明的方法，机械的进步不再是碰巧的、偶然的，而成为有系统的、渐增的。我们知道，我们将制造出越来越完善的机器；这一点，是以前的人们所未曾认识到的。

1870年以后，所有工业都受到科学的影响。例如，在冶金术方面，许多工艺方法（贝塞麦炼钢法、西门子－马丁炼钢法和吉尔克里斯特－托马斯炼钢法）被发明出来，使有可能从低品位的铁矿中大量地炼出高级钢。由于利用了电并发明了主要使用石油和汽油的内燃机，动力工业被彻底改革。通信联络也因无线电的发明而得到改造。1896，古利埃尔莫·马可尼发明了一台不用导线就能发射和接收信息的机器，不过，他的成果是以苏格兰物理学家詹姆斯·克拉克·麦克斯韦和德国物理学家亨利希·赫兹的研究为基础的。石油工业迅速发展，因为地质学家和化学家做了大量工作；地质学家以非凡的准确性探出油田，化学家发明了从原油中提炼出石脑油、汽油、煤油和轻、重润滑油的种种方法。科学对工业的影响的最惊人的例子之一可见于煤衍生物方面。煤除了提供焦炭和供照明用的宝贵的煤气外，还给予一种液体即煤焦油。化学家在这种物质中发现了真正的宝物——种种衍生物，其中包括数百种染料和大量的其他副产品如阿司匹林、冬青油、糖精、消毒剂、轻泻剂、香水、摄影用的化学制品、烈性炸药及香橙花精等。

工业革命的第二阶段也以大量生产的技术的发展为特点。美国在这一方面领先，就像德国在科学领域中领先一样。大量生产的两种主要方法是在美国发展起来的。一种方法是制造标准的、可互换的零件，然后以最少量的手工劳动把这些零件装配成完整的单位。美国发明家伊莱·惠特尼就是在 19 世纪开始时用这种方法为政府大量制造滑膛枪。他的工厂因建立在这一新原理的基础上，引起了广泛的注意，受到了许多旅行者的访问。其中有位访问者对惠特尼的这种革命性技术的基本特点作了恰当的描述："他为滑膛枪的每个零件都制作了一个模子；据说，这些模子被加工得非常精确，以致任何滑膛枪的每个零件都可适用于其他任何滑膛枪。"在惠特尼之后的数十年间，机器被制造得愈来愈精确，因此，有可能生产出完全一样的零件。第二种方法出现于 20 世纪初，是设计出"流水线"。亨利·福特因为发明了能将汽车零件运送到装配工人所需要的地点的环形传送带，获得了名声和大量财产。有人对这种传送带方式的发展作了如下生动的描绘：制作传送带的想法是从芝加哥的罐头食品工人那里得来的，他们利用一台空中吊车沿着一排屠夫吊运菜牛躯体。福特先是在装配发动机上的小部件和飞轮磁电机时，然后又在装配发动机本身和汽车底盘时，尝试了这一想法。

一个汽车底盘给缚在一根钢索上，当绞盘将钢索拖过工厂时，6 名工人沿钢索进行了一次长 80 米的历史性旅行；他们边走边拾起沿途的零件，用螺栓使它们在汽车底盘上固定就位。实验做完了，但产生一个困难。上帝造人不像福特制造活塞环那样精确。装配线对个子矮小的人来说，太高，对身材高大的人来说，太低，结果是劳而无功。于是，他们进行更多的实验。他们先升高装配线，接着又降低装配线，然后试行两条装配线以适合高矮不同的人；先增加装配线的运行速度，再减低装配线的运行速度，然后做各种试验以确定一条装配线上需安置多少人、每道工序应相隔多远、是否要让上螺栓的人再上螺帽，使原先上螺帽的人有时间将螺帽上紧。终于，为每个汽车底盘上的装配而规定的时间从 18 小时 28 分钟缩短到 1 小时 33 分钟，世界有可能得到新的、大量的 T 型汽车；随着工人成为其机器上的更为有效的轮齿，大量生产进入了一个新阶段。然后，借助于先进的机械设备，对大堆大堆的原料的处理作了改善。大量生产的这种方法也是在美国得到改善的，其最好的例子见于钢铁工业。

　　钢铁工业在一个巨大的地区范围里发展了这种连续生产。铁矿石来源于梅萨比岭。蒸汽铲把铁矿石舀进火车车厢；车厢被拖运到德卢斯或苏必利尔，然后进入某些凹地上方的码头。当车厢的底部向外翻转时，车厢内的铁矿石便卸入凹地；滑运道使铁矿石从凹地进入运矿船的货舱。在伊利湖港，这矿船由自动装置卸货，矿石又被装入火车车厢；在匹兹堡，这些车厢由自动两卸车卸货，倾卸车把车厢转到自己的边上，使矿石瀑布似地落入箱子；上料车把焦炭、石灰石和这些箱子里的矿石一起运至高炉顶部，将它们倒入炉内。于是，高炉开始生产。从高炉里，铁水包车把仍然火热的生铁转移到混轶炉，然后再转移到平炉。就这样，实现了燃料的节约。接着，平炉开始出钢，钢水流入巨大的钢水包，从那里，再流入放在平板车上的铸模，一辆机车把平板车推到若干凹坑处，除去铸模后赤裸裸地留下的钢锭就放在这些凹坑里保温，直到轧制时。传送机把钢锭运到轧机处，自动平台不时地升降，在轧制设备之间来回地抛出所需形状的钢轨。由此产生的钢轨具有极好的形状，如果有少许偏差，就会被抛弃。电动起重机、钢水包、传送机、自动倾卸车、卸料机和装料机使从矿井中的铁矿石到钢轨的生产成为一件不可思议的自动的、生气勃勃的事情。

　　从纯经济的观点来看，这一规模的大量生产所意味的东西，从钢铁大王安德鲁·卡耐基的以下这番无可非议的大话中可觉察出来：从苏必利尔湖开采两磅铁石，并运到相距 900 英里的匹兹堡；开采一磅半煤，制成焦炭并运到匹兹堡；开采半磅石灰，运至匹兹堡；在弗吉尼亚开采少量锰矿，运至匹兹堡，这四磅原料制成一磅钢，对这磅钢，消费者只需支付一分钱。

　　科学和大量生产的方法不仅影响了工业，也影响了农业。而且，这又是发生在科学应用方面领先的德国和大量生产方面领先的美国。

德国化学家发现，若要维持土壤的肥力，就必须恢复土壤中被植物摄取的氮、钾和磷。最初，是利用天然肥料来达到这一目的。但是，将近19世纪末时，天然肥料让位于形式上更纯粹的、必需的无机物。结果，无机物的世界性生产大大增长。在1850至1913年间，硝酸盐、钾碱和过磷酸钙的产量从微不足道的数量分别上升到90万吨、134万吨和1625万吨。

第三次工业革命

第二次世界大战之后，人类进入科技时代，生物克隆技术的出现，航天科技的出现，系统与合成生物学引发了第三次工业革命，也即生物科技与产业革命。

产业模式或产业结构转型，往往是新经济新产业时代特征，技术革命带来的是产业革命。20世纪科技方法论从实证分析向系统综合转型，人工智能、微电子技术的发展，导致了电脑、电信等信息产业革命，带来基因组计划、生物信息学的发展。综合哲学，远在系统科学诞生之前已形成，19世纪未和20世纪初斯宾塞的综合哲学、罗素的哲学分析与综合、怀德海的有机哲学等。1999年在德国创建系统生物科学与工程网。2000年美国、日本等建立系统生物学研究机构。2003年美国J·Keasling成立基于系统生物学的遗传工程－合成生物学系。2005年法国凯宾和泰列特论述动脉硬化研究的系统遗传学观念。随后全球爆炸性地走向了电脑科学与生物科学整合的科技与产业发展态势，将带来21世纪的细胞制药厂与细胞计算机的生物工业化时代，欧美国家科技决策机构纷纷制定教育、科研、产业改革政策，中国出台了基因生物技术、系统医药学开发中医药产业现代化的重大立项与决策。

2007年6月，英国皇家工程院生物医学与生物工程学部主席R·I开特尼院士称："系统生物学与合成生物学偶合，将产生第三次产业（工业）革命"，颠覆计算机、纳米、生物和医药等领域的技术与产业变革，即生物工业革命。21 世纪的整个产业结构，将转型为系统生物工程的生物（化学）物理联盟工业模式，也就是生态、遗传、仿生和机械、化工、电磁的工程应用整合的材料、能源、信息产业，体现为机器的生物系统原理（进化、遗传计算）、生物材料（纳米生物分子、工程生物材料）和基因工程生物体等。计算机科学理论源自动物通信行为、神经系统的控制论、信息论研究；细胞内、细胞间通讯行为的探索，导致了系统生物科学与工程发展，将形成未来的材料、能源与信息全方位生物产业。

　　第三次工业革命以基因工程、系统生物学与合成生物学的迅速发展为起点，生物工业革命的显著特征是学科交叉和技术综合，以有机化学合成技术、高精细分析化学、纳米分子科学、微电子技术、超大规模集成、计算机软件设计、转基因生物技术、药物筛选高通量技术等学科与技术的综合集成，开发生物分子计算机元件、人工智能生物计算、合成细胞生物系统等，将在约 30 年内带来的是人工设计的新型生物分子材料、藻类人工细胞合成石油、纳米医疗细胞机器人等产业发展。支持重心转移到把资金力度放在潜在的高科技开发与发明，将是带来未来支柱企业发展的基础。

十三、电气时代的火

人类最早发现的电现象是摩擦起电现象。公元前 600 年左右，古希腊正处于文化鼎盛时期，贵族妇女外出时都喜欢穿柔软的丝绸衣服，戴琥珀做的首饰。琥珀是一种树脂化石，呈现出黄色或暗红色的鲜艳色泽，是当时较为贵重的装饰品。人们外出时，总把琥珀首饰擦拭得干干净净。但是，不管人们把它擦得多干净，它很快就会吸上一层灰尘。虽然许多人都注意到这个现象，但一时都无法解释它。有个叫泰勒斯的希腊人，研究了这个神奇的现象。经过仔细地观察和思索，他注意到挂在颈项上的琥珀首饰在人走动时不断晃动，频繁地摩擦身上的丝绸衣服，从而得到启发。经过多次实验，泰勒斯发现用丝绸摩擦过的琥珀确实具有吸引灰尘、绒毛、麦秆等轻小物体的能力。于是，他把这种不可理解的力量叫作"电"，也叫静电。

1660 年居里克建造了世界上第一台转动摩擦发电机，不过产生的是静电，没有实用价值。

1780 年意大利医生加法尼通过从动物组织对电流的反应开始研究化学作用而不是静电产生的电流。他宣称动物组织能产生电。

虽然他的理论被证明是错的，但他的实验却促进了对电学的研究。

1799 年意大利物理学家伏打表明，加法尼的电流不是来源于动物，把任何潮湿物体放在两个不同金属之间都会产生电流。这一发现直接导致伏打在 1800 年发明了世界上第一块电池。

1821 年英国物理学家法拉第发明了世界上第一台电动机。虽然这台电动机装置简陋，但它却是今天世界上使用的所有电动机的祖先。这是一项重大的突破。只是它的实际用途还非常有限，因为当时除了用简陋的电池以外，别无其他发电方法。

1831 年法拉第发现当磁铁穿过一个闭合线路时，线路内就会有电流产生，这个效应叫电磁感应，是法拉第的一项最伟大的贡献，并由此他发明了世界上第一台能产生连续电流的发电机（以后的发电机都是根据同样的电磁感应原理制成的。从此人类进入了电器应用时代，各种实用电器开始纷纷涌现）。

1879 年爱迪生发明了世界上第一只实用的白炽灯泡。自爱迪生发明了电灯后，各地的发电厂才迅速发展起来。

1882 年在纽约曼哈顿地区投运的珍珠街发电厂被称为世界最早的发电厂，它拥有 6 台 120 kW 的蒸汽机发电机组。时间上也只是离今天才 135 年！

中国最早的发电厂也是 1882 年建成的，它是英国人在上海租界设立的上海电灯公司。当时的发电厂就是专为电灯照明供电的（老上海人把发电厂称为电灯公司）。

在电气时代，科技爆发出雪崩式的力量，新发明、新技术层出不穷。其中一些发明对人类生活产生了极大的影响。

1. 电炉

用电可以非常方便地得到以前用煤炭炉窑才能得到的高温。电炉是利用电热效应供热的工业电炉和家用电炉。工业电炉又分为电阻炉、感应炉两种。随着现代工业技术的发展感应炉成为电炉中最为节能的电转换加热方式，广泛应用于家庭、医药、化工、冶金等多个领域。电炉具有快速加热、容易控制温度、热效率高等特点。

电炉是把炉内的电能转化为热量对工件加热的加热炉。同燃料炉比较，电炉的优点有：炉内气氛容易控制，甚至可抽成真空；物料加热快，加热温度高，温度容易控制；生产过程较易实现机械化和自动化；热效率高；产品质量好。冶金工业上电炉主要用于钢铁、铁合金、有色金属等的熔炼、加热和热处理。19 世纪末出现了工业规模的电炉，20 世纪 50 年代以来，由于对高级冶金产品需求的增长和电费随电力工业的发展而下降，电炉在冶金炉设备中的比额逐年上升。电炉可分为电阻炉、感应炉、电弧炉、等离子炉、电子束炉等。

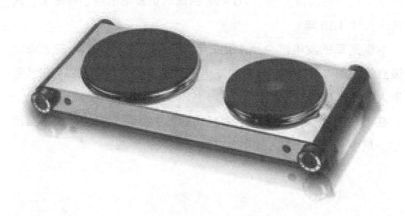

图 97　电炉

2010 年，中国制造业占全球制造业产出的 19.8%，略高于美国的 19.4%，居世界第一。中国制造业的快速发展带动了中国烘炉、熔炉和电炉制造行业的发展。如今，中国机械工业 70% 的零件需要进行热处理，汽车、拖拉机工业 70% ～ 80% 的零部件需要进行热处理

图 98　工业电阻炉

加工，工具、刀具和轴承产品则 100% 需要进行热处理，一些民用轻工金属制品的使用寿命，绝大部分也依靠热处理得到提高。

　　按电热产生方式，电阻炉分为直接加热和间接加热两种。在直接加热电阻炉中，电流直接通过物料，因电热功率集中在物料本身，所以物料加热很快，适用于要求快速加热的工艺，例如锻造坯料的

图 99　中频加热电炉

图 100 大型工业电炉

图 101 钢板加热电炉

加热。这种电阻炉可以把物料加热到很高的温度，例如碳素材料石墨化电炉，能把物料加热到超过 2500℃。直接加热电阻炉可作成真空电阻加热炉或通保护气体电阻加热炉，在粉末冶金中，常用于烧结钨、钽、铌等制品。大部分电阻炉是间接加热电阻炉，其中装有专门用来实现电－热转变的电阻体，称为电热体，最常用的电热体是铁铬铝电热体、镍铬电热体、碳化硅棒和二硅化钼棒。硅碳棒、二硼化锆陶瓷复合发热体。炉温低于 700℃的电阻炉，多数装置鼓风机，以强化炉内传热，保证均匀加热。用于熔化易熔金属（铅、铅铋合金、铝和镁及其合金等）的电阻炉，可做成坩埚炉，或做成有熔池的反射炉，在炉顶上装设电热体。电渣炉是由溶渣实现电热转变的电阻炉。

感应炉是利用物料的感应电热效应而使物料加热或熔化的电炉。感应炉的基本部件是用紫铜管绕制的感应圈。感应圈两端加交流电压，产生交变的电磁场，导电的物料放在感应圈中，因电磁感应在物料中产生涡流，受电阻作用而使电能转变成热能来加热物料。所以，也可认为感应电热是一种直接加热式电阻电热。感应加热炉具有体积小，重量轻、效率高、热加工质量优及有利环境等优点，正迅速淘汰燃煤炉、燃气炉、燃油炉及普通电阻炉，是新一代的金属加热设备。

电弧炉是利用电弧热效应熔炼金属和其他物料的电炉。按加热方式分为三种类型：间接加热电弧炉；直接加热电弧炉；埋弧电炉，亦称还原电炉或矿热电炉。真空电弧炉是在抽真空的炉体中用电弧直接加热熔炼金属的电炉。等离子炉是利用工作气体被电离时产生的等离子体来进行加热或熔炼的电炉。电子束炉是用高速电子轰击物料使之加热熔化的电炉。电子束炉用于熔炼特殊钢、难熔和活泼金属。电热炉是电热炉可使用金属发热体或非金属发热体来产生热源，其构造简单，用途十分广泛，广泛应用于金属热处理。

2. 电焊

在工业上，使用电的方式中，电焊是产生较高温度的方式。电焊时，电弧温度在 6000℃～ 8000℃左右，熔滴平均温度达到

2000℃，碳钢溶池中心温度达到 1750℃。这是使用化石、生物燃料无法达到的温度。

电焊是电弧焊的简称。电弧焊接是把焊条作为电路的一个电极，

图 102 人工电焊

图 103 电焊机

焊件为另一电极，利用接触电阻的原理产生高温，并在两电极间形成电弧，将金属熔化进行焊接。

电焊的基本工作原理是把 220V 或 380V 电压，通过电焊机里的减压器降低电压，增强电流，并使电能产生巨大的电弧热量融化焊条和钢铁，而焊条熔融使钢铁之间融化在一起。

图 104 机器人自动焊接

电焊的种类很多，如电渣焊、电子束焊、离子束焊等，都是产生高于被焊接金属熔点以上的温度进行焊接。

（1）电子束焊

电子束焊接的基本原理是电子枪中的阴极由于直接或间接加热而发射电子，该电子在高压静电场的加速下再通过电磁场的聚焦就可以形成能量密度极高的电子束，用此电子束去轰击工件，巨大的动能转化为热能，使焊接处工件熔化，形成熔池，从而实现对工件的焊接。

电子是物质的一种基本粒子，通常情况下它们围绕原子核高速运转。当给电子一定的能量，它们能脱离轨道跃迁出来。加热一个阴极，使得其释放并形成自由电子云，当电压加大到 30 到 200kV 时，电子将被加速，并向阳极运动。

电网电压经过高压升压到 100kV 左右。再经整流滤波获得 160kV 左右的直流高压，加在电子枪上的高压为 120kV。

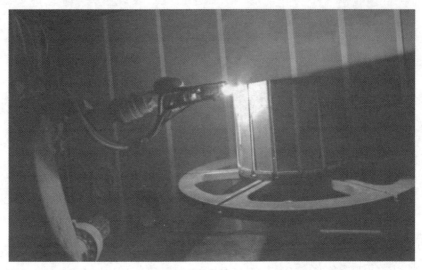

图 105 *电子束焊接*

　　电子束焊与电弧焊相比，主要的特点是既可以用在很薄材料的精密焊接，又可以用在很厚的（最厚达 300mm）构件焊接。所有用其他焊接方法能进行熔化焊的金属及合金都可以用电子束焊接。主要用于要求高质量的产品的焊接，还能解决异种金属、易氧化金属及难熔金属的焊接。

　　电子束焊接因具有不用焊条、不易氧化、工艺重复性好及热变形量小的优点而广泛应用于航空航天、原子能、国防及军工、汽车和电气电工仪表等众多行业。

（2）等离子弧焊

　　等离子弧焊是利用等离子弧作为热源的焊接方法。气体由电弧加热产生离解，在高速通过水冷喷嘴时受到压缩，增大能量密度和离解度，形成等离子弧。焊接时离子气和保护气均为氩气，所用电极一般为钨极，故等离子弧焊接实质上是一种具有压缩效应的钨极气体保护焊。具有较大的熔透力和焊接速度，形成等离子弧的气体

图 106　等离子弧焊

和它周围的保护气体一般用氩气。

　　等离子是指在标准大气压下温度超过 3000℃的气体，在温度谱上可以把其看作继固态、液态、气态之后的第四种物质状态。等离子是由被激活的高子、电子、原子或分子组成。

(3) 激光焊

　　激光焊是利用大功率相干单色光子流聚焦而成的激光束为热源

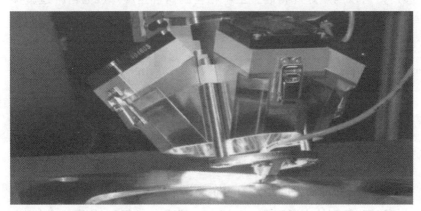

图 107　激光焊

进行的焊接。这种焊接方法通常有连续功率激光焊和脉冲功率激光焊。激光焊优点是不需要在真空中进行，缺点则是穿透力不如电子束焊强。激光焊时能进行精确的能量控制，因而可以实现精密微型器件的焊接。它能应用于很多金属，特别是能解决一些难焊金属及异种金属的焊接。

（4）爆炸焊

爆炸焊也是以化学反应热为能源的另一种固相焊接方法。但它是利用炸药爆炸所产生的能量来实现金属连接的。在爆炸波作用下，两件金属在不到一秒的时间内即可被加速撞击形成金属的结合。在各种焊接方法中，爆炸焊可以焊接的异种金属的组合的范围

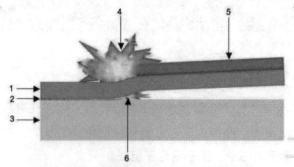

1.覆盖版 2.熔接区 3.基板 4.爆炸 5.炸药 6.喷射流

图 108 爆炸焊

最广。可以用爆炸焊将冶金上不相容的两种金属焊成为各种过渡接头。爆炸焊多用于表面积相当大的平板包覆，是制造复合板材的高效方法。

3. 汽车

19 世纪 80 年代中期，德国发明家卡尔·本茨提出了内燃发动机的设计，这种发动机以汽油为燃料。内燃机的发明，一方面解决了交通工具的发动机问题，引起了交通运输领域的革命性变革。19世纪晚期，新型的交通工具——汽车出现了。80 年代，德国人卡尔·本

茨成功地制成了第一辆用汽油内燃机驱动的汽车。1896 年，美国人亨利·福特制造出他的第一辆四轮汽车。与此同时，许多国家都开始建立汽车工业。随后，以内燃机为动力的内燃机车、远洋轮船、飞机等也不断涌现出来。内燃机的发明推动了石油开采业的发展和石油化学工业的产生。石油也像电力一样成为一种极为重要的新能源。1870 年，全世界开采的石油只有 80 万吨，到 1900 年猛增至 2 000 万吨。汽车先后以煤炭、汽油、煤油为燃料，以内燃机为动

图 109　汽车结构

图 110　蒸汽汽车

力装置，以及使用电力的电动汽车。

1769 年，法国人 N·J·居纽制造了用煤燃烧产生蒸汽驱动的三轮汽车，想用来代替马为拿破仑的军队拉炮车。但是这种车的时速仅为 4 公里，而且每 15 分钟就要停车向锅炉加煤，非常麻烦。后来车在一次行进中撞到砖墙上，被碰的支离破碎。

1829 年，英国的詹姆斯发明了时速 25 公里的蒸汽车，该车可以作为大轿车使用。这种汽车装有笨重的锅炉和很多煤，冒着黑烟，污染街道，并发出隆隆的噪声，而且事故频繁地出现。

1860 年，法国工人鲁诺阿尔发明了内燃机，用大约 1 马力的煤气发动机来带动汽车，但效果不好。不过，汽车就是在这种内燃机的影响下产生的。从此，有很多人想改进内燃机，要把内燃机用在汽车上。

1882 年，德国工程师威廉海姆·戴姆勒开始进行内燃机的研究。他发明了用电火花为发动机点火的自动点火装置，然后，在这一发明的基础上制造出优秀的汽油发动机。这种发动机每分钟 900 转，结构简单紧凑，而且能产生很大的功率。

1883 年，戴姆勒完成了这种汽油发动机，第二年开始装配在二轮车、三轮车和四轮车上，制成了汽油发动机汽车。特别是 1886 年制造的汽油发动机四轮载货汽车，装有 I. 5 马力的发动机，时速达 18 公里。

1885 年是汽车发明取得决定性突破的一年。当时和戴姆勒在同一工厂的本茨，也在研究汽车。他在 1885 年几乎与戴姆勒同时制成了汽油发动机，并把它装在汽车上，以每小时 12 公里的速度行驶，获得成功。该车为三轮汽车，采用一台两冲程单缸 0.9 马力的汽油机，此车具备了现代汽车的一些基本特点，如火花点火、水冷循环、钢管车架、钢板弹簧悬架、后轮驱动前轮转向和制动手把等。卡尔·本茨的三轮机动车获得了专利权。这就是公认的世界上第一辆现代汽车。这一年，英国的巴特勒也发明了装有汽油发动机的汽车。此外，意大利的贝尔纳也发明了汽车，俄国的普奇洛夫和伏洛波夫两人发明了装有内燃机的汽车。

电动车

世界上第一个研究电动车的是由匈牙利工程师阿纽什·耶德利克于 1828 年在实验室完成的电传装置。第一辆实际制造出来的电动车是由美国人安德森在 1832 到 1839 年之间发明的。这辆电动车所用的蓄电池比较简单，是不可再充的。1899 年，德国人波尔舍发明了一台轮毂电动机，以替代当时在汽车上普遍使用的链条传动。随后开发了保时捷电动车，该车采用铅酸蓄电池作为动力源，由前轮内的轮毂电动机直接驱动，这也是第一部以保时捷命名的汽车。随后，波尔舍在保时捷的后轮上也装载两个轮毂电动机，由此诞生了世界上第一辆四轮驱动的电动车。但这辆车所采用的蓄电池体积和重量都很大，而且最高时速只有 60 公里。为了解决这些问题，波尔舍 1902 年在这辆电动车上又加装了一台内燃机来发电驱动轮毂电机，也是世界上第一台混合动力汽车。

从 19 世纪末到 20 世纪初期，汽车设计师把主要精力都用在了汽车的机械工程学的发展和革新上。到了 20 世纪前半期，汽车的基本构造已经全部发明出来后，汽车设计者们开始着手从汽车外部造型上进行改进，并相继引入了空气动力学、流体力学、人体工程学以及工业造型设计（工业美学）等概念，力求让汽车能够从外形上满足各种年龄、各种阶层，甚至各种文化背景的人的不同需求，使汽车成为真正的科学与艺术相结合的最佳表现形象，最终达到最完善的境界。

火车

1804 年，由英国的矿山技师德里维斯克利用瓦特的蒸汽机造出了世界上第一台蒸汽机车，时速为 5 至 6 公里。因为当时使用煤炭或木柴做燃料，所以人们都叫它"火车"，于是一直沿用至今。1840 年 2 月 22 日由康瓦耳的工程师查理慈里维西克所设计的世界上第一列真正在轨上行驶的火车。1879 年，德国西门子电气公司研制了第一台电力机车。

图 111 世界上最早的蒸汽火车

图 112 使用煤炭的蒸汽火车

图 113 使用柴油的内燃机火车

图 114 电力高速火车

　　火车是人类历史上最重要的机械交通工具，早期称为蒸汽机车，有独立的轨道行驶。铁路列车按载荷物，可分为运货的货车和载客的客车，亦有两者一起的客货车。而火车先驱是英国的乔治·斯蒂芬森。

（1）火车先驱乔治·斯蒂芬森

火车先驱乔治·斯蒂芬森是一位穷矿工，他到 17 岁时还是一位文盲。1781 年 6 月 9 日，乔治·史蒂芬逊出生在英国诺森伯兰的一个煤矿工人的家庭里。由于家境贫困，他 8 岁时就开始帮人放牛。14 岁那年，父亲把他带到自己的矿上去做工，他当上了一名蒸汽机司炉的助手。一天的劳累，常常使他腰酸腿病，因而在他的心灵里，早就埋下了革新机械为工友们造福的愿望。不管工作多么疲劳，业余时间他从不肯休息，总是守在机器旁边，认真观察，仔细琢磨。可是他一天书也没念过，连机器上的标记符号和说明也看不懂。为了弥补自己在科学文化知识上的欠缺，史蒂芬逊在 17 岁时开始进夜校读书。由于他学习刻苦，没过多久就能自学各种科技书籍了。有一天，矿上的一台机器突然坏了，几位机械师修了很长时间也找不到原因。这时史蒂芬逊来了，他绕着机器转了几圈，自告奋勇地说："让我来试试看。"他把所有的部件都拆了下来，一件一件的进行认真检查，修理好出毛病的地方，很快照原样组装上，机器果然修好了，在场的人们发出一片赞许声。因此，史蒂芬逊被破例提拔为矿上第一个工匠出身的工程师。

图 115　斯蒂芬森制造的蒸汽机车

史蒂芬逊当了工程师后，并没有停留在已取得的成绩上，他决心把瓦特发明的蒸汽机用于交通运输。他在前人创造的机车模型的基础上，通过多次试验，终于在1814年制造出了一台能够实用的蒸汽机车。这台机车能牵引30吨，还解决了火车经常脱轨的问题。但是这台机车的缺点很多，它不仅走得慢，震动厉害，噪声大，而且烟筒里冒出了很高的火苗。史蒂芬逊继续进行试验、改进。又经过11年的艰苦研究，世界上第一台客货运蒸汽机车"旅行号"终于诞生了。1825年9月27日清晨，试车表演在世界上第一条铁路——英国的达林敦铁路上举行。史蒂芬逊亲自驾驶"旅行号"。机车牵引着12节装着煤、面粉的车厢和20节满载乘客的车厢从伊库拉因开出，安全到达达林敦车站。当时车上的乘客有450人，列车载重共90吨，机车最高时速达到20至24公里。"旅行号"的试车成功开辟了陆上运输的新纪元。1829年，史蒂芬逊又研制成功了"火箭号"新机车，并亲自驾驶参加赛车。结果，"火箭号"以最高时速46公里，没有发生任何故障而获得优胜。从此，火车就正式被使用于交通运输事业。

最早使用燃煤蒸汽动力的燃煤蒸汽机车有一个很大的缺点，就是必须在铁路沿线设置加煤、水的设施，还要在运营中耗费大量时间为机车添加煤和水。这些都很不经济。19世纪末，许多科学家转向研究电力和燃油机车。

1894年，德国研制成功了第一台汽油内燃机车，并将它应用于铁路运输，开创了内燃机车的新纪元。但这种机车烧汽油，耗费太高，不易推广。

1903年10月27日，西门子与通用电气公司研制的第一台实用电力机车投入使用。

1924年，德、美、法等国成功研制了柴油内燃机车，并在世界上得到广泛使用。

1941年，瑞士研制成功新型的燃油汽轮机车，以柴油为燃料，且结构简单、震动小、运行性能好。因而，在工业国家普遍被采用。

21世纪10年代以来，各国都大力发展高速列车，例如法国巴黎至里昂的高速列车，时速到达300公里。日本东京至大阪的高速列车达到500公里以上。人们对这样的高速列车仍不满足。法国、日本等国率先开发了磁悬浮列车。我国也在上海修建了世界第一条商用磁悬浮列车线，由地铁龙阳路站到浦东机场。这种列车悬浮于轨道之上，时速可达700～800公里。

（2）磁悬浮列车

火车和其他车辆一样，是利用车轮行驶的。火车的轮子不断地在钢轨上滚动，才推动列车飞速前进。然而，车轮也对列车的高速行驶带来不利影响。随着火车速度的提高，轮子和钢轨便产生猛烈的冲击和磨损，引起列车强烈的震动，发出很强的噪音，从而使乘客感到不舒服。不仅如此，由于列车在行驶中所受到的阻力（空气

图116 磁悬浮列车

阻力和摩擦阻力）与速度的平方成正比：速度愈高，阻力愈大。所以，在利用车轮滚动行驶的条件下，当火车行驶速度超过一定值（每小时 300 公里）时，就再也快不了了。但是，人们总希望火车的速度越快越好。怎样解决这个矛盾呢？有些人就提出把妨碍列车速度提高的车轮甩掉，设法使列车像飞机在空中飞行一样，在钢轨上腾空行驶。于是，没有轮子的火车便随之诞生了。利用磁体同性相斥的原理，使车体在轨道上悬浮起来，再用发动机推动列车前进。人们把这种列车叫做磁浮列车。磁浮列车是在列车的底部装有用一般材料或超导体材料（在一定温度下这种导体的电阻接近于零）绕制的线圈，而在轨道上安装环形线圈。根据法拉第的电磁感应定律，当列车底部的线圈通入电流产生的磁力线被轨道环形线圈所切割，就在环形线圈内产生感应磁场，它与列车底部超导线圈产生的磁场同性相斥，就使列车悬浮起来。由于悬浮列车克服了轮子和轨道的摩擦阻力，因而可使列车的速度达到或超过每小时 300 公里。

世界第一条磁悬浮列车示范运营线——上海磁悬浮列车，建成后，从浦东龙阳路站到浦东国际机场，三十多公里只需 8 分钟。上海磁悬浮列车是"常导磁吸型"（简称"常导型"）磁悬浮列车，是利用"异性相吸"原理设计，是一种吸力悬浮系统，利用安装在列车两侧转向架上的悬浮电磁铁，和铺设在轨道上的磁铁，在磁场作用下产生的吸力使列车浮起来。

（3）超级高铁

超级高铁是一种以"真空管道运输"为理论核心设计的交通工具，具有超高速、低能耗、无噪声、零污染等特点。这种"胶囊"列车有可能是继汽车、轮船、火车和飞机之后的新一代交通运输工具。因其胶囊形外表被称为"胶囊高铁"。2013 年，埃隆·马斯克提出超级高铁计划，他认为超级高铁可以 1200 公里的超高时速远距离运送乘客。2015 年 8 月，一家致力于超级高铁开发的公司 HTT 宣布，

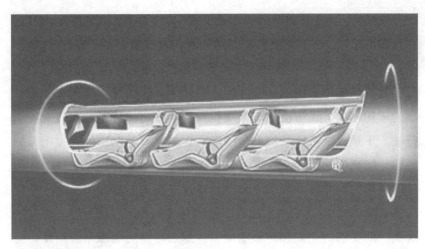

图 117 超级高铁概念图

图 118 超级高铁概念图

于 2016 年在加利福尼亚地区搭建全球首条"超级高铁轨道"。

美国电动汽车公司特斯拉和美国科技公司 ET3 都公布了"真空管道运输"计划，特斯拉将其命名为"超级高铁"，ET3 因列车外观酷似胶囊因而称之为"胶囊"列车。根据 ET3 公司的介绍，工程人员会在地面上搭建作用类似铁路轨道的固定真空管道，在管道中安置"胶囊"列车。"胶囊高铁"列车形状像太空舱一样，单体重183公斤，比一辆汽车还轻，长约4.87米，高约1.5米，可以容纳4到6名乘客。"胶囊"列车"漂浮"地处于真空的管道中，由弹射装置像发射炮弹一样启动座舱，无间断地驶往目的地。由于运行空间真空，没有摩擦力，"胶囊"车厢速度最高可能达到每小时6500公里。这样算下来，从美国纽约到洛杉矶只需要45分钟、环球旅行只需要6个小时。

20世纪80年代，美国机械工程师达里尔·奥斯特开始思考"真空管道运输"的可行性。1999年，奥斯特为"真空管道运输"这一概念申请了专利。2010年，奥斯特成立了致力于开发真空运输项目的公司ET3。2013年，有着"科技狂人"之称的马斯克对"真空运输"这一概念进行了充实，提出了"超级高铁"的理念。马斯克对超级高铁的速度预期比奥斯特保守，他所提出的预期时速为1200公里，接近音速。这一速度比最快的子弹头列车快两三倍、比飞机的速度快两倍。除了速度快，超级高铁还具有安全、环保的优点。因为它处于全封闭的真空系统中，它可以不受复杂天气影响。

从2010年起，美国相继成立了ET3、SpaceX、HTT等多家研发超级高铁的公司。在ET3的网站上，明确指出其目标是在2030年实现真空管道运输项目的商业应用。

2013年8月12日，马斯克将自己提议已久的另一个超高速城际运输"超级回路"摆上了桌面。他表示，"超级回路"是由太阳能供电的超高速城市运输系统，乘客可以在30分钟内由洛杉矶到达旧金山。而在2013年，乘客乘坐飞机由洛杉矶到达旧金山也需要1个小时。与此同时，位于美国科罗拉多州的ET3公司已经开始着手对此进行研发，其原理和实现的效果就是"超级回路"追求的目标。

这个未来的交通工具设想还是受到不少质疑。美国麻省理工学院航空航天学教授汉斯曼提出，虽然"超级回路"本身不违背物理学基本原理，但这个计划可行性还是不够：马斯克的预算太过于乐观，而且铝制胶囊列车本身还有很多技术困难需要突破。

设计者称，该项目的动力供应采用的是磁悬浮技术。整台梭子处于一个几乎没有摩擦力的环境中，以某种弹射装置发射出去，无间断地驶往目的地。尽管真空管道运输能够达到让人难以置信的速度，但是乘客却只能感受到很小的加速力。设计者表示，真空管道运输是一种无空气、无摩擦的运输方式，比火车和飞机更安全、更便宜、更安静。

在出行成本方面，ET3公司称，相比昂贵的机票价格，他们的项目能够把从旧金山至纽约的旅行费用降低至100美元。这是因为，真空管道运输的造价将很便宜，只有高速公路的1/4、高铁的1/10。按照预想的规划，这样的管道或许可以"附着"到既存的高速铁路架桥上，以节省路线资源与基础设施搭建成本。

2017年3月，"超级回路"运输技术公司（HTT）宣布，公司首个"超级回路"乘客舱正在全面建设中，这一设施将在2018年完成并对外展示。

5. 轮船

原始的轮船是以人力踩踏木轮推进，近代轮船是以蒸汽推动外部明轮轮桨的蒸汽船，现代轮船多用涡轮发动机。

不用风帆而用蒸汽轮机做前进动力的船叫蒸汽船。蒸汽船使用的燃料是煤，蒸汽船外面有一个大轮子，所以也叫"轮船"，它是由富尔顿发明的。第一艘可以使用的轮船是1783年下水的。1807年罗伯特·富尔顿建造了一种在河流上使用的轮船，这种船还带有帆，它的最高速度是4.5节（8.3公里/小时）。它在纽约和奥尔巴尼之

图 119　现代客轮

图 120 集装箱运输船

间用为摆渡船。轮船的动力可以来自两种不同的机器：涡轮机和蒸汽机。轮船最主要的优点是它们不依靠风，比帆船快。它们比较可靠，到达一个港口的时间也一般与天气无关。轮船的燃料有煤、煤球、重油和木头。

1769年，法国发明家乔弗莱·达邦在船上安装蒸汽机用以驱动一组木桨，但航速很慢，未能显示出优越性。

1807 年，美国机械工程师富尔顿设计出蒸汽机带动车轮拨水的"克莱蒙特"轮船。该船性能可靠，执行了世界上最早的轮船定期航班，奠定了轮船不容摇撼的地位，因此富尔顿被称为"轮船之父"。

1829 年，奥地利人约瑟夫·莱塞尔发明了可实用的船舶螺旋桨，克服了明轮推进效率低、易受风浪损坏的缺点。此后螺旋桨推进器逐渐取代了明轮。

1884 年，英国发明家帕森斯设计出了以燃油为燃料的汽轮机。此后，汽轮机成为轮船的主要动力装置。

轮船的发明和不断改进，使水上运输发生了革命性的变化。第二次世界大战之后，世界海运量平均每 10 年翻一番。据统计，2004 年世界海上货运量达到了 60 亿吨。轮船促成了人类生活的改变，造成人类以往连做梦也没想到的世界各国相互依存的关系。今天，现代化的轮船，其中有客轮、货轮和油轮，正在从事着各种关系到人类命运的全球性商业航运。

6. 飞机

飞机，是在大气层内飞行的航空器。飞机分为喷气飞机和螺旋桨飞机。

1903 年美国的莱特兄弟制造出了第一架依靠自身动力进行载人飞行的飞机"飞行者"1 号，并且获得试飞成功。他们因此于 1909 年获得美国国会荣誉奖。同年，他们创办了"莱特飞机公司"。自从飞机发明以后，飞机日益成为现代文明不可缺少的运载工具，它深刻地改变和影响着人们的生活。

飞机机翼的上下两侧的形状是不一样的，上侧的要凸些，而下

图 121　美国莱特兄弟制造出的第一架飞机飞行

侧的则要平些。根据空气动力学中伯努利定理，当飞机滑动时，机翼上侧的空气压力要小于下侧，这就使飞机产生了一个向上的升力（负压力）。当飞机滑行到一定速度时，这个升力就达到了足以使飞机飞起来的力量。于是，飞机就上了天。

现代飞机的动力装置主要包括涡轮发动机和活塞发动机两种，应用较广泛的动力装置有四种：航空活塞式发动机加螺旋桨推进器；涡轮喷射发动机；涡轮螺旋桨发动机；涡轮风扇发动机。

飞机是人类在 20 世纪所取得的最重大的科学技术成就之一，有人将它与电视和电脑并列列为 20 世纪对人类影响最大的三大发明。

20 世纪 30 年代后期，活塞驱动的螺旋桨飞机的最大平飞时速已达到 700 公里，俯冲时已接近音速，音障的问题日益突出。苏、英、美、德、意等国大力开展了喷气发动机的研究工作。德国设计师奥安在新型发动机研制上最早取得成功。1934 年奥安获得离心型涡轮喷气发动机专利。1939 年 8 月 27 日奥安使用他的发动机制成 He-178 喷气式飞机。1942 年 7 月，德国 23 岁的奥海因经过千辛万苦的努力，制造出了第一架喷气式飞机，Me-262，同年 7 月 18 日试飞。因喷气式飞机比螺旋桨式飞机要快 160km/h，得到德国政府的同意开始投入空战。1945 年 8 月德军用 37 架喷气式飞机击落了 18 架美国的螺旋桨飞机，在同盟军中引起了震惊。喷气发动机研制出之后，科学家们就进一步让飞机进行突破音障的飞行，经过 10

图 122 螺旋桨飞机

多年之后这项工作终于被美国人完成了。

　　飞机的发明，使人们在普遍受益的情况下又产生了新的不满足。飞机起飞需要滑跑，需要修建相应的跑道和机场，这就带来了诸多不便，于是有人开始探索可以进行垂直起落的飞行器，通称直升机。

　　1939 年 9 月 14 日世界上第一架实用型直升机诞生，它是美国工程师西科斯基研制成功的 VS-300 直升机。他制造的 VS-300 直升机，有 1 副主旋翼和 3 副尾桨，后来经过多次试飞，将 3 副尾桨变成 1 副，这架实用型直升机从而成为现代直升机的鼻祖。VS-

300 直升机诞生之后，影响巨大，尤其是从上个世纪 50 年代开始，直升机的制造技术发展迅猛。

　　自从飞机发明以后，飞机日益成为现代文明不可缺少的运载工具，它深刻的改变和影响着人们的生活。由于发明了飞机，人类环球旅行的时间大大缩短了。世界上第一次环球旅行是 16 世纪完成的。当时，葡萄牙人麦哲伦率领一支船队从西班牙出发，足足用了 3 年

图 123　喷气式飞机

时间，才穿越大西洋、太平洋，环绕地球一周，回到西班牙。19 世纪末，一个法国人乘火车环球旅行一周，也花费了 43 天的时间。飞机发明以后，人们在 1949 年又进行了一次环球旅行。一架 B-50 型轰炸机，经过 4 次漂亮的空中加油，仅仅用了 94 个小时，便绕地球一周，飞行 37700 公里。超音速飞机问世以后，人们得以飞得更高更快。1979 年，英国人普斯贝特只用 14 个小时零 6 分钟，就飞行 36900 公里，环绕地球一周。在不到一天的时间里，就可以飞到地球的各个角落。错综复杂的空中航线把世界各国连接起来，为人们提供了既方便又快捷的客运。早在 20 世纪 20 年代，航空运输就开设了定期航班，运送旅客和邮件。如今，空中航线更是四通八达。

7. 炸药与战争

没有人能想到炸药改变了世界文明的走向，改变了人类的命运。

炸药有两类：黑火药与黄色炸药，它们都对人类命运产生了巨大的影响。在唐代，科学技术与生产力得到快速发展，在对火的利用上，炸药被发明出来了。黑火药成为中国四大发明之一。

（1）黑火药

图 124 黑火药

黑火药主要成分是硝、硫磺和木炭。黑火药爆燃瞬间温度可达 1000 ℃以上，破坏力极强。黑火药敏感性强，易燃烧，火星即可点燃。黑火药着火时，硝酸钾分解放出的氧气，使木炭和硫磺剧烈燃烧，瞬间产生大量的热和氮气、二氧化碳等气体。由于体积急剧膨胀，压力猛烈增大，于是发生了爆炸。据测，大约每 4 克黑火药着火燃烧时，可以产生 280 升气体，体积可膨胀近万倍。在有限的空间里，气体受热迅速膨胀引起爆炸。在爆炸时，固体生成物的微粒分散在气体里，所以产生大量的烟。由于爆炸时有 K_2S 固体产生，往往有很多浓烟冒出，因此得名黑火药。

黑色火药在晚唐（9 世纪末）时正式出现。火药是由古代炼丹家发明的。从战国至汉初，帝王贵族沉迷于神仙长生不老的幻想，驱使一些地方道士炼仙丹，在炼制过程中逐渐发明了火药的配方。据史书记载，我国古代的炼丹家在长期的炼制丹药过程中，发现硝、硫磺和木炭的混合物能够燃烧爆炸。公元 808 年，唐朝炼丹家清虚子撰写了《太上圣祖金丹秘诀》，其中的"伏火矾法"是世界上关于火药的最早文字记载，中国学术界由此认为火药的发明在唐朝。大约在 10 世纪初的唐代末年，火药开始在战争中使用。火药被引入军事，成为有着巨大威力的新型武器，并引起了战略 、战术、军事科技的重大变革。初期的火药武器，爆炸性能不佳，主要是用来纵火。随着工艺的改进，火药的爆炸性能加强，新型的火器亦不断出现。到了宋代，火药在军事上得到了广泛使用，北宋为了抵抗辽西夏和金的野蛮进攻，很重视火药和火药武器的试验和生产，公元 1000 年（宋真宗咸平三年）和 1002 年（咸平五年），神卫水军队长唐福和冀州团练使石普，曾先后分别在皇宫里作了火箭、火球等新式火药武器演示，受到真宗的嘉奖。从此，火药成为宋军必备装备。后来北宋政府在首都汴梁建立了火药作坊，是专门制造火药和火器的官营手工业作坊，每天制作出弩火药箭七千支，弓火药箭一万支，蒺藜炮（内装有带刺铁片的火药包）三千支，皮火炮二万支。公元 1044 年，曾公亮著有《武经总要》，里面记录了三种火药配方及多种火药武器并配有插图，这是世上最早的热兵器制作工艺流程记载。到南宋时，火药武器技术愈发先进，陈规守德安（湖北安陆）曾经使用火枪冲锋。至南宋中晚期又出现了突火枪，技术又向前推进了一步，发明了有深远影响的管形火器，竹筒改为铁管或铜管，火药利用爆破压力把铁块等东西推出去，这是后来步枪和子弹的雏形。宋灭南唐，夺金陵时就已使用了火炮，也使得中国象棋中有了炮这一棋子。宋朝成为人类历史上最早使用"热兵器"的国家。很不幸地是蒙古人和金人在与宋的作战过程中，也相继学会了火器的使用和制作，这对蒙古铁骑几乎打下整个欧亚大陆作出了巨大贡献。13世纪，火药由商人经印度传入阿拉伯国家。希腊人通过翻译阿拉伯人的书籍才知道火药。火药武器是通过战争传到阿拉伯国家，成吉思汗西征，蒙古军队使用了火药兵器。公元1260年元世祖的军队在与叙利亚作战中被击溃，阿拉伯人缴获了火箭、毒火罐、火炮、震天雷等火药武器，从而掌握火药武器的制造和使用。阿拉伯人与欧洲的一些国家进行了长期的战争，战争中阿拉伯人使用了火药兵器，例如阿拉伯人进攻西班牙的八沙城时就使用过火药兵器。在与阿拉伯国家的战争中，欧洲人逐步掌握了制造火药和火药兵器的技术。

火药和火药武器的广泛使用，使战争作战方法发生了翻天覆地的变革，火药推进了世界历史的进程。如今黑火药还用于采石、伐木和矿山的爆破。在民用方面用于制造烟花和爆竹等。

（2）黄色炸药

黄色炸药就是三硝基甲苯，是黄色晶体。精炼的黄色炸药（TNT）十分稳定。和硝酸甘油不同，它对摩擦、振动，不敏感。即使是受到枪击，也不容易爆炸。因此，需要用雷管来启动。它不会与金属发生化学反应或吸收水分。因此，它可以存放多年。它在20世纪初开始广泛用于装填各种弹药和进行爆炸，逐渐取

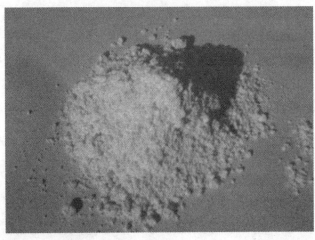

图125 黄色炸药

代了苦味酸。在第二次世界大战结束前，TNT一直是综合性能最好的炸药。

每公斤 TNT 炸药可产生 420 万焦耳的能量。现今有关爆炸和能量释放的研究，也常常用"公斤 TNT 炸药"或"吨 TNT 炸药"为单位，以比较爆炸、地震、行星撞击等大型反应时的能量。

（3）第一次世界大战

炸药成了大规模战争的必要物质基础。

20 世纪初，德国等国家在第二次工业革命后军事、经济国力大大增强，一举超越英国、法国等老牌国家，原有"均势"遭到破坏，于是他们便要求重新瓜分世界，这影响到了一些老牌国家的利益，导致帝国主义国家之间的矛盾形成和激化，最终酿成战争。

1914 年 6 月 28 日（塞尔维亚国庆），奥匈帝国皇储斐迪南大公夫妇在萨拉热窝视察时，被塞尔维亚青年加夫里若·普林西普枪杀，成为第一世界大战的导火线。一个月后，奥匈帝国在德国的支持下，以萨拉热窝事件为借口，向塞尔维亚宣战。接着德、俄、法、英等

图 126　1914 年第一次世界大战爆发

图 127 第一次世界大战中的大炮

国相继投入战争。交战的一方为同盟国的德国和奥匈帝国，以及支持他们的奥斯曼帝国、保加利亚。另一方为协约国的英国、法国和俄国以及支持它们的塞尔维亚、比利时、意大利、日本等国。日本为了在东亚扩张势力和侵略中国，以1902年缔结的"英日同盟"为借口，于1914年对德国宣战，并迅速占领德国在中国山东的势力范围。

从1914年7月奥匈帝国向塞尔维亚宣战到1918年11月德国投降，第一次世界大战持续时间长达4年零3个月，大战造成了极大的损失和破坏。在这次战争中，参加国家多达30多个，约15亿人，占当时世界人口总数的67%。一战期间，军人、平民死亡人数超过5500万。

第一次世界大战也成为一系列新技术发展的促进剂。战争期间，刚发明不久的飞机受到一些国家的重视，很快进入实用阶段。军用飞机在战场上成为一支新军。飞机的数量也不断增加。在大战期间，汽车的机动性引起人们的关注。战前在欧洲和美国的街道上占主导地位的马车，很快被汽车取代。德国等原料缺乏的国家，为了应付敌方的封锁，大力发展化学合成技术，从而推动了化工技术的发展。

《凡尔赛条约》对德国实行经济与军事制裁，德国失去了13%的国土和12%的人口，德国被解除武装，德国的陆军被控制在10万人以下，不准拥有空军。德国国民对这些条约有极强的抵触情绪，也引发了德国民众强烈的民族复仇主义情绪。傲慢的日耳曼民族为了摆脱《凡尔赛条约》的桎梏，各派政治势力、各种政治思想在德国你争我夺，显得尤为激烈，这为德国发起一次新的大战提供了条件。21年后，德国在希特勒的纳粹党指挥下，发动了第二次世界大战。

（4）第二次世界大战

第二次世界大战，是人类史上最大规模的战争。战火燃及欧洲、亚洲、非洲和大洋洲。战争分西、东两大战场，即欧洲北非战场和亚洲太平洋战场。1939年9月1日至1945年9月2日，以德国、

图 128 第二次世界大战

图 129 第二次世界大战

意大利、日本法西斯等轴心国及保加利亚、匈牙利、罗马尼亚等仆从国为一方，以中国、美国、英国、苏联等反法西斯同盟和全世界反法西斯力量为同盟国进行的第二次全球规模战争。从欧洲到亚洲，从大西洋到太平洋，先后有 61 个国家和地区、20 亿以上的人口被卷入战争，作战区域面积 2200 万平方公里。战争中军民共伤亡 7000 余万人，4 万多亿美元付诸东流。第二次世界大战最后以美国、苏联、中国、英国、法国等反法西斯国家和世界人民战胜法西斯侵略者赢得世界和平而告终。

　　1939 年 9 月 1 日德国入侵波兰，这次入侵行动随即导致英国与法国向德国宣战。二战从此爆发。1941 年 6 月 22 日，以德国为首的欧洲轴心国联合入侵苏联领土，开始了人类历史上规模最大的地面战争爆发。1945 年 5 月 8 日，苏联和波兰部队攻克柏林，德国宣布无条件投降。

　　第二次世界大战之激烈与残酷，从斯大林格勒战役就可以看得非常清楚。无论从什么角度评论，斯大林格勒战役都是二战中甚至人类战争史上最为惨烈的战役。

　　1942 年 7 月 17 日，苏德双方在斯大林格勒接近地展开了激烈的交战，会战正式开始。1942 年 9 月 14 日，德军从城北突入市区，与苏军展开了激烈的巷战，双方逐街逐楼逐屋反复争夺。斯大林格勒变成了一片瓦砾场，城中 80% 的居住区被摧毁。在满是瓦砾和废墟的城中，苏军顽强抵抗，在城中的每条街道，每座楼房，每家工厂内都发生了激烈的枪战。攻入城中的德军死伤人数不断增加。而苏联红军也伤亡极大，刚刚赶赴城中的红军战士的平均存活时间不超过 24 个小时，军官也只有约三天的平均存活时间。至 1942 年 11 月中旬，在斯大林格勒地域城外的南北两侧的苏联红军共 143 个师 110.6 万人，15500 门火炮和迫击炮，1463 辆坦克和强击火炮，1350 架飞机。当面的德军共有 80 多个师，约 100 万人，10290 门火炮，675 辆坦克，1216 架飞机。整个战役持续 199 天。由于战役规模太大，伤亡者人数始终无法得到准确统计。西方学者估计轴心国军队在这场战役中共伤亡 85 万人，其中 75 万人阵亡或受伤，9.1 万人被俘。而苏联方面的估计为消灭轴心国部队 150 万人。同时，苏联也付出了沉重的代价，苏联红军具体伤亡人数为：死亡 47 万人，受伤或被俘 65 万人，合计伤亡 113 万人。而双方合起来的伤亡人数达 250 多万。

图 130　坦克战

图 131 苏联的火箭炮攻击

图 132 斯大林格勒会战中被俘的德军

1945 年 8 月 6 日 8 时 15 分，为敦促日本迅速无条件投降，美军向广岛市内投下第一枚原子弹，爆炸威力约为 14000 吨 TNT 当量。3 天之后，美军又出动 B－29 轰炸机将原子弹投到日本长崎市。广岛、长崎因受原子弹爆炸伤害而死亡的人数分别超过 25 万和 14 万。

图 133 1945 年 8 月 15 日日本向中国无条件投降

1945 年 8 月 15 日日本正式宣布投降,并于 9 月 2 日签署投降书。

第二次世界大战是历史上死伤人数最多的战争,大约有 7000 万人死亡。其中,苏联约为 2800 多万死亡;中国约为 1800 多万死亡;美国共有 42 万人死亡;英国共有 40 万人死亡;法国有 80 多万人死亡,其中平民占到多数。德国有 2800 万人死伤;日本有 690 万人死伤;意大利有 70 万人死伤。

8. 导弹

导弹是一种依靠制导系统来控制飞行轨迹的,可以指定攻击目标,甚至追踪目标动向的无人驾驶武器,是"导向性飞弹"的简称,其任务是把战斗部装药在打击目标附近引爆并毁伤目标,或在没有战斗部的情况下依靠自身动能直接撞击目标，以达到毁伤效果。

德国人冯·布劳恩是导弹技术的开创者。1936年，他作为主导者，在德国佩内明德的火箭研究中心负责执行V-2工程。1939年世界上第一枚导弹A-1从德国成功发射，人类军事武器与运载火箭掀开了一个新的时代。

1942年成功发射了V-1导弹和V-2导

图 134 中程导弹发射

弹，1944年6月14日凌晨2时纳粹德国向英国南部潘斯德卡门地区发射了V-1巡航导弹，同年9月8日晚，纳粹德国又向英国伦敦发射了V-2弹道导弹。第二次世界大战后期德国还研制了"莱茵女儿"等几种地空导弹以及X-7反坦克导弹和X-4有线制导空空导弹。而这些导弹都是由'冯·布劳恩'主导研制。

1912年3月23日，韦纳·冯·布劳恩出生于德国维尔西茨的一个贵族家庭，后随全家移居柏林。冯·布劳恩的母亲是一位出色的业余天文学爱好者，她循循善诱地培养小韦纳的好奇心，她送给儿子的一架望远镜，激发了布劳恩对宇宙空间的兴趣，成了一个大科学家成长历程的开端。学生时代的韦纳就表现出与众不同的探险精神。13岁时，他在柏林豪华的使馆区进行了他的第一次火箭实验，也因此被警察抓住，但这并未影响年轻的韦纳对火箭发射的兴趣。

他的好奇心使他不断地实验自制火箭。然而也因此耽误了复习功课，使他在一次考试中，数学、物理都不及格。

希特勒曾对火箭技术发生兴趣。1939 年希特勒参观发射试验台的时，布劳恩被指定给希特勒讲述技术原理。布劳恩以他一贯的认真严谨的态度为希特勒讲解火箭的基本构造，正如他后来为美国总统肯尼迪分析月球接轨方案优劣时一样的认真。但他很快发现，希特勒对他的介绍几乎是一耳进一耳出，只有提及 V-2 可能具有的军事用途时，他的眼睛才闪闪发亮。布劳恩开始隐隐感到他的航天梦的前途将是不平坦的。1944 年 3 月，冯·布劳恩被盖世太保抓进了监狱。记录在案的逮捕原因是：他和他的同事们一起声明，他们从来没有打算把火箭发展成为战争武器。他们在政府压力之下从事的全部研制工作，目的只是为了赚钱去做他们的实验，证实他们的理论。他们的目的始终是宇宙旅行。因此布劳恩可能被判为叛国罪并被枪毙。最终由于朋友们的多方营救和叛国罪名理由不充分，布劳恩被释放了。

二战结束后他来到了美国，之后布劳恩领导的研究班子一开始就投入了另一项人类伟大计划。他主持研制的"土星 5 号"火箭是准备将美国人送上月球的运载工具。这是一个庞然大物，整个系统及地面辅助设备零件有九百万个之多。这些部件都必须精确地工作配合，经过四次点火，才将飞船送上月球，然后还要返回地球，进行回收利用。"土星 5 号"应是"完美"的代名词，因为它不仅成功地将载着阿姆斯特朗的"阿波罗 11 号"送上月球，而且以后还被用于阿波罗 6 号、7 号、9 号至 17 号的飞行，每次运载性能都几乎毫无瑕疵。这简直可以说是奇迹。这是布劳恩及其领导的科学家们用他们的才智创造的奇迹。

70 年代初，任职于航空航天局的布劳恩开始着手'航天飞机'的研制工作。他为这一计划的出台、成形作出了不少贡献。1975 年布劳恩患肠癌住院，不久出院。他虽然病得很重，但仍继续快乐地工作。布劳恩称自己是世所罕见的真正心满意足的人之一。1977 年 6 月 16 日，韦纳·冯·布劳恩因患肠癌在美国华盛顿逝世，终年 65 岁。人类的航天事业将永远与布劳恩这个名字紧密地联系在一起。

9. 运载火箭

运载火箭，是航天运载工具的一种，运载火箭的用途是把人造地球卫星、载人飞船、空间站、空间探测器等有效载荷送入预定轨道。按照所用的推进剂来分，运载火箭包括固体火箭、液体火箭和固液混合型火箭三种类型。运载火箭是由多级火箭组成的航天运载工具。通常，运载火箭将人造地球卫星、载人飞船、空间站、空间探测器等有效载荷送入预定轨道。任务完成后，运载火箭被抛弃。

自 1957 年苏联首次利用运载火箭发射第一颗人造卫星，至 20 世纪 80 年代，世界各国已研制成功 20 多种大、中、小型运载火箭。比较著名的有苏联的"东方号"系列运载火箭、美国的"大力神"系列运载火箭、日本的"H"系列运载火箭等。中国则在液体弹道式导弹基础上

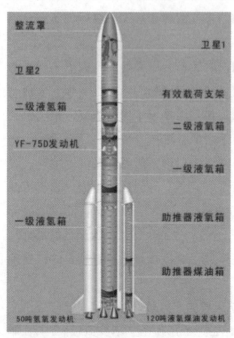

图 135 运载火箭结构示意图

研制出了"长征"系列火箭。

运载火箭的组成部分有箭体、动力装置系统和控制系统。这三大系统称为运载火箭的主系统。此外，箭上还装有遥测系统、外测系统和安全控制系统等。箭体是运载火箭的基体，它用来维持火箭的外形，承受火箭在地面运输、

图 136 中国的运载火箭

发射操作和在飞行中作用在火箭上的各种载荷，安装连接火箭各系统的所有仪器、设备，把箭上所有系统、组件连接组合成一个整体。

动力装置系统是推动运载火箭飞行并获得一定速度的装置。对液体火箭来说，动力装置系统由推进剂输送、增压系统和液体火箭发动机两大部分组成。

长征一号运载火箭是一种固液混合型的三级火箭，其第一级、第二级是液体火箭，第三级是固体火箭；美国的"飞马座"运载火箭则是一种三级固体火箭。苏联发射世界上第一颗人造地球卫星的卫星号运载火箭，就是在中间芯级火箭的周围捆绑了 4 支助推器。助推器与芯级火箭在地面一起点火，燃料用完后关机抛离。我国的长征二号 E 运载火箭则是一枚串并联混合型火箭，其第一级火箭周围捆绑了 4 枚助推器，在第一级火箭上面又串联了一枚第二级火箭。

运载能力指火箭能送入预定轨道的有效载荷重量。有效载荷的轨道种类较多，所需的能量也不同，因此在标明运载能力时要区别

低轨道、太阳同步轨道、地球同步卫星过渡轨道、行星探测器轨道等几种情况。表示运载能力的另一种方法是给出火箭达到某一特征速度时的有效载荷重量。各种轨道与特征速度之间有一定的对应关系。例如把卫星送入 185 公里高度圆轨道所需要的特征速度为 7.8公里 / 秒、1000 公里高度圆轨道需 8.3 公里 / 秒、地球同步卫星过渡轨道需 10.25 公里 / 秒、探测太阳系需 12 ～ 20 公里 / 秒。

20 世纪 80 年代以来，一次性使用的运载火箭已经面临航天飞机的竞争。这两种运载工具各有特长，在今后一段时间内都将获得发展。航天飞机是按照运送重型航天器进入低轨道的要求设计的，运送低轨道航天器比较有利。对于同步轨道航天器，航天飞机还要携带一枚一次使用的运载器，用以把航天器从低轨道发射出去，使之进入过渡轨道。

10. 激光

激光是 20 世纪继原子能、计算机、半导体之后，人类的又一重大发明。

激光的原理早在 1916 年已被美国物理学家爱因斯坦发现，但直到 1960 年激光才被首次成功实现。

激光的理

图 137 激光

论基础起源于大物理学家爱因斯坦。1917 年爱因斯坦提出了全新的技术理论"光与物质相互作用"。这一理论是说在组成物质的原子中，有不同数量的粒子（电子）分布在不同的能级上，在高能级上的粒子受到某种光子的激发，会从高能级跳到（跃迁）到低能级上，这时将会辐射出与激发它的光相同性质的光，而且在某种状态下，能出现一个弱光激发出一个强光的现象。这就叫做"受激辐射的光放大"，简称激光。

1953 年 12 月，美国物理学家查尔斯·哈德·汤斯和他的学生阿瑟·肖洛制成了一个装置，产生了"受激辐射的微波放大"。

1958 年，美国科学家肖洛和汤斯发现了一种神奇的现象：当他们将氪光灯泡所发射的光照在一种稀土晶体上时，晶体的分子会发出鲜艳的、始终会聚在一起的强光。根据这一现象，他们提出了"激光原理"，即物质在受到与其分子固有振荡频率相同的能量激发时，都会产生这种不发散的强光——激光。他们为此发表了重要论文，并获得 1964 年的诺贝尔物理学奖。

1960 年 5 月 15 日，美国加利福尼亚州休斯实验室的科学家西奥多·梅曼宣布获得了波长为 0.6943 微米的激光，这是人类有史以来获得的第一束激光，梅曼因而也成为世界上第一个将激光引入实用领域的科学家。1960 年 7 月 7 日，西奥多·梅曼宣布世界上第一台激光器诞生。

2011 年 3 月，研究人员研制的一种牵引波激光器能够移动物体，未来有望能移动太空飞船。

2013 年 1 月，科学家已经成功研制出可用于医学检测的牵引光束。

今天，激光已经被应用到工农业军事等各个方面。中国于 1961 年研制出第一台激光器。50 多年来，激光技术与应用发展迅猛，已与多个学科相结合形成多个应用技术领域，比如光电技术、激光医疗与光子生物学、激光加工技术、激光检测与计量技术、激光全息

图 138　激光武器

技术、激光光谱分析技术、非线性光学、超快激光学、激光化学、量子光学、激光雷达、激光制导、激光分离同位素、激光可控核聚变、激光武器等等。这些交叉技术与新的学科的出现，大大地推动了传统产业和新兴产业的发展。

激光武器

激光武器是一种利用沿一定方向发射的激光束攻击目标的定向能武器，具有快速、灵活、精确和抗电磁干扰等优异性能，在光电对抗、防空和战略防御中可发挥独特作用。根据作战用途的不同，激光武器可分为战术激光武器和战略激光武器两大类。武器系统主要由激光器和跟踪、瞄准、发射装置等部分组成，通常采用的激光器有化学激光器、固体激光器、CO_2 激光器等。

强激光武器具有速度快、精度高、拦截距离远、火力转移迅速、不受外界电磁波干扰、持续战斗力强等优点。激光武器经过三十多年的研究，已经日趋成熟并将在今后战场上发挥越来越重要的作用。

高度集束的激光，能量也非常集中。举例来说，在日常生活中我们认为太阳是非常亮的，但一台巨脉冲红宝石激光器发出的激光却比太阳还亮 200 亿倍。当然，激光比太阳还亮，并不是因为它的总能量比太阳还大，而是由于它的能量非常集中。例如，红宝石激光器发出的激光射束，能穿透一张 3 厘米厚的钢板，但总能量却不足以煮熟一个鸡蛋。

　　激光作为武器，有很多独特的优点。首先，它以光速飞行，每秒 30 万公里，任何武器都没有这样高的速度。它一旦瞄准，几乎不要什么时间就立刻击中目标，用不着考虑提前量。另外，它可以在极小的面积上、在极短的时间里集中超过核武器 100 万倍的能量，还能很灵活地改变方向，没有任何放射性污染。

11. 等离子体

　　等离子体是一种由自由电子和带电离子为主要成分的物质形态，广泛存在于宇宙中，等离子体是物质的第四态，即电离了的"气体"，它呈现出高度激发的不稳定态，其中包括离子、电子、原子和分子。在自然界里，炽热的火焰、光辉夺目的闪电以及绚烂壮丽的极光等都是等离子体作用的结果。等离子体是宇宙中一种常见的物质，在

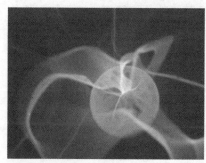

图 139 等离子体

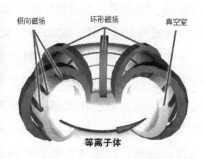

图 140 等离子体原理图

太阳、恒星、闪电中都存在等离子体，它占了整个宇宙的99%。21世纪人们已经掌握和利用电场和磁场产生来控制等离子体。如用高温等离子体焊接金属、核聚变、核裂变、辉光放电及各种放电都可产生等离子体。

普通气体温度升高时，气体粒子的热运动加剧，使粒子之间发生强烈碰撞，大量原子或分子中的电子被撞掉，当温度高达百万K（绝对温度）到1亿K，所有气体原子全部电离。电离出的自由电子总的负电量与正离子总的正电量相等。这种高度电离的、宏观上呈中性的气体叫等离子体。

19世纪30年代英国的M·法拉第以及其后的J·J·汤姆孙、J·S·E·汤森德等人相继研究气体放电现象，这是等离子体实验研究的起步时期。

1902年英国的奥·亥维赛等为了解释无线电波可以远距离传播的现象，推测地球上空存在着能反射电磁波的电离层。这个假说被英国的E·V·阿普顿用实验证实。英国的D·R·哈特里(1931)和阿普顿(1932)提出了电离层的折射率公式，并得到磁化等离子体的色散方程。

从20世纪30年代起，磁流体力学及等离子体动力论逐步形成。

1950年以后，因为英、美、苏等国开始大力研究受控热核反应，促使等离子体物理蓬勃发展。50年代以来已建成了一批受控聚变的实验装置，如美国的仿星器和磁镜以及苏联的托卡马克，这三种是磁约束热核聚变实验装置。60年代后又建立一批惯性约束聚变实验装置。

自从苏联在1957年发射了第一颗人造卫星以后，很多国家陆续发射了科学卫星和空间实验室，这极大地推动天体和空间等离子体物理学的发展。在此期间，一些低温等离子体技术也在以往气体放电和电弧技术的基础上，进一步得到应用与推广，如等离子体切割、焊接、喷镀、磁流体发电、等离子体化工、等离子体冶金，以及火箭的离子推进等。等离子体主要用于，等离子体冶炼、等离子平面屏幕技术和实现高质图象及和大纯平屏幕、以实现核聚变为目的高温等离子体。

12. 火力发电厂

人类文明的发展，生活水平的发展需要消耗大量的能源。发电厂的建立是大规模获得能量最重要的手段。火力发电厂是通过燃烧煤、天然气及石油等来发电的发电厂，被设计成可以持续地大量发电。在许多国家，大部分电能均由火力发电厂提供。火力发电厂通过各种旋转机械将燃烧产生的热能转换为机械能，然后驱动发电机。原动机通常是蒸汽机或燃气轮机，在一些较小的电站，也有可能会使用内燃机。它们都是通过利用高温、高压蒸汽或燃气通过透平变为低压空气或冷凝水这一过程中的压降来发电的。火力发电是现在电力发展的主力军。

图 141 世界最大火力发电厂 内蒙古托克托发电厂

火力发电厂的汽水系统是由锅炉、汽轮机、凝汽器、高低压加热器、凝结水泵和给水泵等组成，它包括汽水循环、化学水处理和冷却系统等。水在锅炉中被加热成蒸汽，经过热器进一步加热后变成过热的蒸汽，再通过主蒸汽管道进入汽轮机，汽轮机带动发电机。

从能量转换的角度看，即燃料的化学能→蒸汽的热势能→机械能→电能。在锅炉中，燃料的化学能转变为蒸汽的热能；在汽轮机中，蒸汽的热能转变为转子旋转的机械能；在发电机中机械能转变为电能。锅炉、汽轮机、发电机是火电厂中的主要设备。

13. 太阳能发电

地球上的能量绝大部分都直接或间接地来自太阳。我们生活所需的煤炭、石油、天然气等化石燃料都是因为各种植物通过光合作用把太阳能转变成化学能在植物体内贮存下来后，再由埋在地下的动植物经过漫长的地质年代形成。此外，水能、风能、波浪能、海

图 142 太阳能发电

流能等也都是由太阳能转换来的。

太阳能发电有两大类型：一类是太阳光发电（亦称太阳能光发电），另一类是太阳热发电（亦称太阳能热发电）。

太阳能光发电是将太阳能直接转变成电能的一种发电方式。它包括光伏发电、光化学发电、光感应发电和光生物发电四种形式，在光化学发电中有电化学光伏电池、光电解电池和光催化电池。

太阳能热发电是先将太阳能转化为热能，再将热能转化成电能，它有两种转化方式。一种是将太阳热能直接转化成电能，如半导体或金属材料的温差发电、真空器件中的热电子和热电离子发电、碱金属热电转换，以及磁流体发电等。另一种方式是将太阳热能通过热机（如汽轮机）带动发电机发电，与常规热力发电类似，只不过是其热能不是来自燃料，而是来自太阳能。

照射在地球上的太阳能非常巨大，大约 40 分钟照射在地球上的太阳能，足以供全球人类一年能量的消费。可以说，太阳能是真正取之不尽、用之不竭的能源。而且太阳能发电绝对干净，不产生公害。所以太阳能发电被誉为是理想的能源。

单晶硅太阳能电池的光电转换效率为 15% 左右，最高可达 23%，在太阳能电池中光电转换效率最高，但其制造成本高。单晶硅太阳能电池的使用寿命一般可达 15 年，最高可达 25 年。多晶硅太阳能电池的光电转换效率为 14% 到 16%，其制造成本低于单晶硅太阳能电池，因此得到广泛发展，但多晶硅太阳能电池的使用寿命要比单晶硅太阳能电池要短。

另一个有潜力的途径是将太阳能光伏发电和热能发电有机地结合起来。可将聚光太阳辐射中的可见光谱过滤出来用于光伏发电，其余光谱用于热能发电。利用太阳热能发电需要及时准确预测太阳辐射量的变化情况，以适应计划配电的需要。同时还需要开发相应的电力储能技术，以克服太阳能发电波动性所带来的诸多不便。

太阳能发电有更加激动人心的计划。

一是日本提出的创世纪计划，即准备利用地面上沙漠和海洋面积进行发电，并通过超导电缆将全球太阳能发电站联成统一电网以便向全球供电。据测算，到 2050 年、2100 年，即使全用太阳能发电供给全球能源，占地也不过为 186.79 万平方公里、829.19 万平方公里。829.19 万平方公里才占全部海洋面积的 2.3% 或全部沙漠的 51.4%，甚至才是撒哈拉沙漠的 91.5%。因此这一方案是有可能实现的。

另一是天上发电方案。早在 1980 年美国宇航局和能源部就提出在空间建设太阳能发电站设想，准备在同步轨道上放一个长 10 公里、宽 5 公里的大平板，上面布满太阳电池，这样便可提供 500 万千瓦电力。但离真正实用还有漫长的路程。

十四、光

1. 灯的演变

自从人类开始用火、控制火以后，便学会用火把照明，后来出现了油灯与蜡烛。在古时"烛"是一种由易燃材料制成的火把，用于执持的已被点燃的火把，称之为烛；放在地上的用来点燃的成堆细草和树枝叫做燎，燎置于门外的称大烛，门内的则称庭燎。四千多年前，人类开始使用简单灯具承载火烛。从粗糙的石灯到青铜灯，从陶瓷灯到现代的电灯，灯的演变显示了文明发展的历程。

据出土的甲骨文记载，人类早在殷商时期，就会使

图 143 古代油灯

用松脂火把照明。春秋战国时，照明用的油灯灯具开始出现，豆就是当时照明所用的工具，它是依照当时的食器——豆的形状制成。当时人们是用豆脂作为燃料，将豆脂盛放在陶制的小碗里，放上一根灯芯，点燃照明。从繁体字灯"燈"就能看出，灯是从豆演变而来的。

今天，我们普遍使用的电灯是 138 年前发明的。在电灯问世以前，人们普遍使用的照明工具是煤油灯或煤气灯。这种灯因燃烧煤油或煤气，因此，有浓烈的黑烟和刺鼻的臭味，并且要经常添加燃料，擦洗灯罩，很不方便。这种灯还容易引起火灾。

1809 年，英国皇家研究院教授汉弗莱·戴维爵士(法拉第的老师)用 2000 节电池和两根炭棒，制成世界上第一盏弧光灯。但这种灯产生的光线太强，只能安装在街道或广场上，普通家庭无法使用。

1854 年，移民到美洲的一名德国钟表匠哥伯尔发明了灯泡，他也是悲剧发明家名单中的一员，因为这些人都不懂得将他们的发明公诸于世。在哥伯尔之后大约 20 年，美国发明家爱迪生才发明

图 144 多彩的灯光

了一颗类似的灯泡，哥伯尔直到过世前夕，他与爱迪生的对垒才获得法律上的承认，后者旋即从哥伯尔贫困的遗孀手上买下哥伯尔的专利权。

1879 年 10 月 21 日，爱迪生通过长期的反复试验，终于点燃了世界上第一盏有实用价值的电灯。1847 年 2 月 11 日，爱迪生生于美国俄亥俄州的米兰镇。他是铁路工人的孩子，小学未读完就辍学，在火车上以卖报度日。其发明创造了电灯、留声机、电影摄影机等，发明成果有 1000 多种，为人类做出了重大的贡献。爱迪生 12 岁时，便沉迷于科学实验之中，经过自己孜孜不倦地自学和实验，16 岁那年，便发明了每小时拍发一个信号的自动电报机。后来，他又接连发明了自动数票机、第一架实用打字机、二重与四重电报机、自动电话机和留声机等。有了这些发明成果的爱迪生并不满足。他对电器特别感兴趣，自从法拉第发明电机后，爱迪生就决心制造电灯，当实验工作陷入了低谷，爱迪生非常苦恼，一个寒冷的冬天，爱迪生在炉火旁闲坐，看着炽烈的炭火，口中不禁自言自语道："炭、炭……。"可用木炭做的炭条已经试过，该怎么办呢？爱迪生感到浑身燥热，顺手把脖子上的围巾扯下，看到这用棉纱织成的围脖，爱迪生脑海突然萌发了一个念头：对！棉纱的纤维比木材的好，能不能用这种材料？他急忙从围巾上扯下一根棉纱，在炉火上烤了好长时间，棉纱变成了焦焦的炭。他小心地把这根炭丝装进玻璃泡里，一试验，效果果然很好。爱迪生非常高兴，紧接着又制造很多棉纱做成的炭丝，连续进行了多次试验。灯泡的寿命达到了 13 小时，又一下子延长到 45 小时。大家纷纷向爱迪生祝贺，可爱迪生却摇头说道："不行，还得找其它材料！""怎么，亮了 45 个小时还不行？"助手吃惊地问道。"不行！我希望它能亮 1000 个小时，最好是 16000 个小时！"爱迪生答道。大家知道，亮 1000 多个小时固然很好，可去找什么材料合适呢？爱迪生这时心中已有数。他根据棉纱的性质，决定从植物纤维这方面去寻找新的材料。于是，马拉松式的试验又开始了。凡是植物方面的材料，只要能找到，爱迪生都做了试验，甚至连马的鬃，人的头发和胡子都拿来当灯丝试验。最后，爱迪生选择竹这种植物。他在试验之前，先取出一片竹子，用显微镜一看，高兴得跳了起来。于是，把炭化后的竹丝装进玻璃泡，通上电后，这种竹丝灯泡竟连续不断地亮了1200个小时！这下，爱迪生终于松了口气，助手们纷纷向他祝贺，可他又认真地说道："世界各地有很多竹子，其结构不尽相同，我们应认真挑选一下！"助手们深为爱迪生精益求精的科学态度所感动，纷纷自告奋勇地到各地去考察。经过比较，发现日本出产的一种竹子最为合适，便大量从日本进口这种竹子。与此同时，爱迪生又开设电厂，架设电线。过了不久，美国人便用上了这种价廉物美、经久耐用的竹丝灯泡。竹丝灯用了很多年。1906年，爱迪生又改用钨丝来做灯泡，使灯泡的质量又得到提高，其一直沿用到今天。电灯是19世纪末最著名的一项发明，也是爱迪生对人类最辉煌的贡献。

电灯

电灯是电流把灯丝加热到白炽状态而发光的灯，电灯泡外壳用玻璃制成，把灯丝保持在真空，或低压的惰性气体之下，作用是防止灯丝在高温之下氧化。它只有7%～8%的电能变成可见光，90%以上的电能转化成了热，电灯的发光效率很低。白炽灯灯泡一般都选用钨丝做灯丝。

电灯发出的光是全色光，但各种色光的成份比例是由发光物质（钨）以及温度决定的。比例不平衡就导致了光的颜色的偏色，所以在电灯下物体的颜色不够真实。电灯的种类名目繁多，大致有以下几种，

卤钨灯　填充气体内含有部分卤族元素或卤化物的充气白炽灯。光效和寿命比普通白炽灯提高一倍以上，且体积小。

荧光灯（日光灯） 光效高、寿命长、光色好。有直管型、环型、紧凑型等，应用范围十分广泛。

气体放电灯 种类有荧光高压汞灯、高压钠灯和金属卤化物灯。成本相对较低。用于道路照明、室内外工业照明、商业照明。

陶瓷金属灯 性能优于一般金卤灯。用于商业照明。

低压钠灯 发光效率特高、寿命长、透雾性强，但显色性差。用于隧道、港口、码头、矿场等照明。

高频无极灯 超长寿命（40000～80000小时）、节能、无电极、瞬间启动和再启动、显色性好。用于隧道、高杆路灯、及其他室外照明。

卤素灯，亦称钨卤灯泡，是白炽灯的一种。原理是在灯泡内注入碘或溴等卤素气体。在高温下，蒸发的钨丝与卤素进行化学作用，蒸发的钨会重新凝固在钨丝上，形成平衡的循环，避免钨丝过早断裂。因此比白炽灯更长寿。

LED 灯

LED 是英文 light emitting diode（发光二极管）的缩写，第一个商用二极管产生于 1960 年。它的基本结构是一块电致发光的半导体材料，置于一个有引线的架子上，然后四周用环氧树脂密封，起到保护内部芯线的作用，所以 LED 的抗震性能好。发光二极管的核心部分是由 p 型半导体和 n 型半导体组成的晶片，在 p 型半导体和 n 型半导体之间有一个过渡层，称为 p-n 结。在某些半导体材料的 PN 结中，注入的少数载流子与多数载流子复合时会把多余的能量以光的形式释放出来，从而把电能直接转换为光能。LED 使用低压电源，供电电压在 6-24V 之间。消耗能量较同光效的白炽灯减少80%。每个单元 LED 小片是 3-5mm 的正方形，可以制备成各种形状的器件，适合于易变的环境。LED 发光稳定，可以工作 10 万小时，光衰为初始的 50%。改变电流可以变色，发光二极管能够实现红黄绿篮橙多色发光。如小电流时为红色的 LED，随着电流的增加，可

图 145　Led 灯带

以依次变为橙色，黄色，最后为绿色。LED 的开发是继白热灯照明发展历史以来的第二次革命。

2012 年，中国政府宣布，全面禁止销售和进口 100 瓦以上的普通照明用白炽灯，白炽灯即将走到历史的尽头。有人说过；"白炽灯照亮 20 世纪，而 LED 灯将照亮 21 世纪。"

无绳电灯

美国麻省理工学院研究人员 2007 年 6 月 10 日进行了"无绳灯泡"的实验。由索尔贾希克领导的研究小组利用两个铜丝线圈充当共振器，一个线圈与电源相连，作为发射器；另一个与台灯相连，充当接收器。结果，他们成功地把一盏距发射器 2.13 米开外的 60 瓦电灯点亮。这是一个无线传递能量的试验，也是一个伟大的实验，将使电灯、汽车等能源装置的无线能量传输成为可能。

电脑灯

电脑灯是在 20 世纪 70 年代末、80 年代初才出现在电视舞台上的。绚丽多彩，变幻莫测的灯光效果是人们对歌舞厅的第一印象。这些效果来自于各式各样、形形色色的专业灯具。也就是人们所说的专业灯光。早期歌舞厅的灯光非常简单，有聚光灯、筒灯、小雨灯和一些笨重的机械转灯。随着电子技术的发展，出现了简单的声控机械灯，能映出图案、变换颜色及变化投光角度。但这些灯都是单独动作，无法作到整齐划一，步调一致。到了 20 世纪 80 年代出现了照明技术与电脑技术相结合的新型灯具，取名为电脑灯。电脑灯由三部分构成：电脑电路、机械部分、光源部分。电脑灯可以几台、几十台、甚至上百台一齐按灯光设计要求变换图案、色彩，其速度可快可慢，其场面瑰丽壮观，令人惊叹。电脑灯的出现是舞台、影视、娱乐灯光发展历史上的一个飞跃，也使人们对灯光技术有了新的认识。

2. 光的特性

光具有波粒二象性，既可把光看作是一种频率很高的电磁波，也可把光看成是一个粒子，即光量子，简称光子。

光的传播不需要任何介质，光可以在真空、空气、水等透明的介质中传播。光在介质中传播时，由于光受到介质的相互作用，其传播路径遇到光滑的物体会发生偏折，产生反射与折射的现象。根据广义相对论，光在大质量物体附近传播时，由于受到该物体强引力场的影响，光的传播路径也会发生相应的偏折。真空中的光速是目前宇宙中已知最快的速度，光在同一种均匀介质中沿直线传播速度为 30 万公里 / 秒。

光速取代了保存在巴黎国际计量局的铂制米原器被选作定义

"米"的标准，并且约定光速严格等于 299,792,458m/s，此数值与当时的米的定义和秒的定义一致。后来，随着实验精度的不断提高，光速的数值有所改变，米被定义为（1/299,792,458）秒内光通过的路程。

19 世纪，苏格兰物理学家詹姆士·克拉克·麦克斯韦从法拉第得出的电场可以转变为磁场且反之亦然这一发现着手。他采用了法拉第对于力场的描述，并且用微分方程的精确语言重写，得出了现代科学中最重要的方程组之一，即麦克斯韦电磁场方程。麦克斯韦发现这些电——磁场会制造出一种波，与海洋波十分类似。令他吃惊的是，他计算了这些波的速度，发现那正是光的速度！在 1864 年发现这一事实后，他预言性地写道："这一速度与光速如此接近，看来我们有充分的理由相信光本身是一种电磁干扰。"这可能是人类历史上最伟大的发现之一。有史以来第一次，光的奥秘终于被揭开了。麦克斯韦突然意识到，从日出的光辉、落日的红焰、彩虹的绚丽色彩到天空中闪烁的星光，都可以用他匆匆写在一页纸上的波来描述。今天我们意识到整个电磁波谱——从电视天线、红外线、可见光、紫外线、X 射线、微波和 γ 射线都只不过是麦克斯韦波，即振动的法拉第力场。

1905 年美国物理学家爱因斯坦提出了著名的光电效应，认为紫外线在照射物体表面时，会将能量传给表面电子，使之摆脱原子核的束缚，从表面释放出来，因此爱因斯坦将光解释成为一种能量的集合——光子。1925 年，法国物理学家德布罗意又提出所有物质都具有波粒二象性的理论，即认为所有的物体都既是波又是粒子，随后德国著名物理学家普朗克等数位科学家建立了量子物理学说，将人类对物质属性的理解完全展拓了。光的本质应该认为是"光子"，它具有波粒二相性。但这里的波的含义并不是如声波、水波那样的机械波，而是一种统计意义上的波，也就是说大量光子的行为所体现的波的性质。同时光具有动态质量，根据爱因斯坦质能方程可算出其质量。

光的干涉和衍射现象无可怀疑地证明了光是一种波，到 19 世纪中叶，光的波动说已经得到公认。到 1886 年，赫兹通过实验证实了电磁波的存在，并且测出了实验中的电磁波的频率和波长，从而计算出了电磁波的传播速度，发现电磁波的速度确实与光速相同，这样就证明了光的电磁说的正确性。

光电效应以及康普顿效应无可辩驳地证明了光是一种粒子。光具有波粒二象性。这就是现代物理学的回答。

白光是由红、橙、黄、绿、蓝、靛、紫等各种色光组成的复色光。红、橙、黄、绿等色光叫做单色光。复色光分解为单色光而形成光谱的现象叫做光的色散。色散可以利用棱镜或光栅等作为"色散系统"的仪器来实现。复色光进入棱镜后，由于它对各种频率的光具有不同折射率，各种色光的传播方向有不同程度的偏折，因而在离开棱镜时就各自分散，形成光谱。

让一束白光射到玻璃棱镜上，光线经过棱镜折射以后就在另一侧面的白纸屏上形成一条彩色的光带，其颜色的排列是靠近棱镜顶角端是红色，靠近底边的一端是紫色，中间依次是橙、黄、绿、蓝、靛，这样的光带叫光谱。光谱中每一种色光不能再分解出其他色光，称它为单色光。由单色光混合而成的光叫复色光。自然界中的太阳光、白炽电灯和日光灯发出的光都是复色光。在光照到物体上时，一部分光被物体反射，一部分光被物体吸收。透过的光决定透明物体的颜色，反射的光决定不透明物体的颜色。不同物体，对不同颜色的反射、吸收和透过的情况不同，因此呈现不同的色彩。比如一个黄色的光照在一个蓝色的物体上，那个物体显示的是黑色。因为蓝色的物体只能反射蓝色的光，而不能反射黄色的光，所以把黄色光吸收了，就只能看到黑色了。但如果是白色的话，就反射所有的色。

光的应用十分广泛，太阳能发电，如各种场合的照明、电子仪器、仪表（电脑、电视、投影仪等）、通信（光纤）、医疗（激光、X光机）等。

3. 光与人

光是地球生命的来源之一，是人类认识外部世界的工具，也是信息的理想载体或传播媒质。据统计，人类感官收到外部世界的总信息中，至少80%以上通过眼睛。

人类肉眼所能看到的可见光只是整个电磁波谱的一部分。电磁波之可见光谱范围大约为390～760nm（纳米）。人眼对各种波长的可见光具有不同的敏感性。实验证明，正常人眼对于波长为555nm（纳米）的黄绿色光最敏感，也就是这种波长的辐射能引起人眼最大的视觉，而越偏离555nm的辐射，可见度越小。而可见光仅仅是电磁辐射中的一小部分，其亮度和颜色能够被人眼所感知到。光就是人眼能够感知到的电磁辐射，其波长范围大约在380nm至760nm。可见辐射的光谱范围没有非常精确的界限，因为视网膜接收到的辐射功率以及观测者的视觉灵敏度存在一定的影响。

眼睛是一种光学系统，能够在视网膜上产生图像。它由各种不同的部分组成，包括角膜、水状体、虹膜、晶状体以及玻璃体等，使眼睛能够针对以105系数变化的照明水平简单而快速地做出反应。眼睛能够感知的最小照度相当于夜空中黯淡的星光。

为了能够感知到光，人眼中包含了两种感光器：

锥状细胞使我们能够看到各种颜色，波长555 nm的黄绿光谱区域，其灵敏度最高。

灵敏度极高的杆状细胞使我们看到的是黑白的画面在波长507 nm的绿光光谱区域，其灵敏度最高。

4. 生物与光

生物发光是一种令人着迷的现象。自然界中有很多自体能够发光的生物。会发光的生物有鱼类、昆虫、藻类、珊瑚、植物等。如鱼类里的深海水母、无磷黑海蛾鱼、磷虾、鱿鱼以及浮游虫等。生物发光是一种生物通讯行为。可分为主动发光和被动发光两类。

在生物世界里说到发光，人们首先会想到萤火虫。1885年，杜堡伊斯在实验室里提取到萤火虫的荧光素和荧光素酶，指出萤火虫的发光是一种化学反应，后来，科学家们又得到了荧光素酶的基因。我们知道，化学发光的物质有两种能态，即基态和激发态，前者能级低，后者能级高，在激发态时分子有很高并且不稳定的能量，它们很容易释放能量重新回到基态，当能量以光子形式释放时，我们就看到了生物发光。如果我们企图使一个物体发光我们只需要给它足够的能量使它从基态变成激发态就行了，但生物要发光则需要体内的酶来参与，即酶是一种催化剂，并且是高效率的，它可以促使发生化学反应的以给发光物质提供能量且能保证消耗的能量尽量少而发光强度尽可能高。在萤火虫体内，ATP（三磷腺酸苷）水解产生能量提供给荧光素而发生氧化反应，每分解一个ATP氧化一个荧光素就会有一个光子产生，从而发出光来。目前已知，绝大多数的生物发光机制是这种模式。但在发光的腔肠动物那里，荧光素则换成了光蛋白，如常见发光水母的绿荧光蛋白，这些个荧光蛋白与钙或铁离子结合发生反应从而发出光来。

自然界具有发光能力的有机体种类繁多。一些细菌和高等真菌也有发光现象。动物界25个门中，就有13个门、28个纲的动物具有发光现象，从最简单的原生动物到低等脊椎动物中都有发光动物，如鞭毛虫、海绵、水螅、海生蠕虫、海蜘蛛和鱼等。动物的发光，除其自身发光即一次的发光以外，由寄生或共生而产生二次发光的例子也不少。不同生物体的发光颜色不尽一致，多数发射蓝光或绿光，少数发射黄光或红光。

值得一提的是，人体的体表也能发光，至于它的机理还不清楚。日本的研究者发现人体会发光。人的身体所发的光比肉眼能见的低1000倍。人体光在一天内会有周期性波动，这使我们在下午时候最闪亮（人们嘴部附近的皮肤也是在这个时候最亮），而在晚上的时候最黯淡。

生物发光现象启发了人类从工程角度研究、模拟这种发光效率极高而产热量极少的荧光现象，新一代冷光源的研制就是一例。

2008年，两名研究员凭借在绿色荧光蛋白研究方面取得的成就获得诺贝尔化学奖。这种蛋白能够在紫外光照射下发出绿光。在发光水晶水母体内发现的绿色荧光蛋白会让水母在焦躁不安时变成绿色。绿色荧光蛋白一直就是水母以及其他深海动物生存的一件法宝。在未来，它们甚至可以成为人类的一种防卫机制，尤其是在对抗癌症方面。

5. 超光速

爱因斯坦的相对论表明光速是任何物质在真空中的最快速度。在相对论中，运动速度和物体的其它性质，如质量甚至它所在参考系的时间流逝等密切相关，速度低于（真空中）光速的物体如果要加速达到光速，其质量会增长到无穷大因而需要无穷大的能量，而且它所感受到的时间流逝甚至会停止，所以理论上来说达到或超过光速是不可能的（至于光子，那是因为它们永远处于光速，而不是从低于光速增加到光速）。也因此使得物理学家（以及普通大众）对于一些"看似"超光速的物理现象特别感兴趣。突破光速、超越时空是不少科幻小说的主题，然而小说家的幻想都没有依据。

物体要达到光速需要无限能量，而在平行空间下无法超光速。已有科学家提出设想：将物体前方的空间压缩，将物体后方的空间扩大来超过光速。这需要巨大的能量，现在的科技无法做到。

到目前为止，除引力外的所有物理现象都符合粒子物理的标准模型。标准模型是一个相对论量子场论，它可以描述包括电磁相互作用、弱相互作用、强相互作用在内的三种基本相互作用以及所有已观测到的粒子。根据这个理论，任何对应于两个在有类空距离的事件处所作物理观测的算子是对易的。原则上讲，这意味着任何物体不可能以超过光速的速度传播。但是，没有人能证明标准模型是自洽的。很有可能它实际上确实不是自洽的。无论如何，它不能保证将来不会发现它无法描述的粒子或相互作用。也没有人把它推广到包括广义相对论和引力。很多研究量子引力的人怀疑关于因果性和局域性的如此简单的表述能否作这样的推广。总而言之，在将来更完善的理论中，无法保证光速仍然是速度的上限。

反对超光速的最好证据恐怕莫过于祖父悖论了。根据狭义相对论，在一个参考系中超光速运动的粒子在另一坐标系中有可能回到过去。因此超光速旅行和超光速通信也意味着回到过去或者向过去传送信息。如果时间旅行是可能的，你就可以回到过去杀死你自己的祖父。这是对超光速强有力的反驳。但是它不能排除这种可能性，即我们可能作有限的超光速旅行但不能回到过去。另一种可能是当我们作超光速旅行时，因果性以某种一致的方式遭到破坏。

总而言之，时间旅行和超光速旅行不完全相同但有联系。如果我们能回到过去，我们大体上也能实现超光速旅行。

关于全局超光速旅行的一个著名建议是利用虫洞。虫洞是弯曲时空中连接两个地点的捷径，从 A 地穿过虫洞到达 B 地所需要的时间比光线从 A 地沿正常路径传播到 B 地所需要的时间还要短。虫洞是经典广义相对论的推论，但创造一个虫洞需要改变时空的拓扑结构。这在量子引力论中是可能的。开一个虫洞需要负能量区域，有科学家建议在大尺度上利用开希米尔（Casimir）效应产生负能量区域。也有人建议使用宇宙弦。这些建议都是近乎不切实际的瞎想。具有负能量的怪异物质可能根本就无法以他们所要求的形式存在。

如果能创造出虫洞，就能利用它在时空中构造闭合的类时世界线，从而实现时间旅行。有人认为对量子力学的多重性解释可以用来消除因果性悖论，即，如果你回到过去，历史就会以与原来不同的方式发生。

有人认为虫洞是不稳定的，因而是无用的。但虫洞对于思想实验仍是一个富有成果的区域，可以用来澄清在已知的和建议的物理定律之下，什么是可能的，什么是不可能的。

6. 量子纠缠与通信保密

1981 年，物理学家尼克·赫尔伯特利用量子力学的特殊性质设计了一个超光速通讯系统。对它纠错的过程推进了我们对量子世界的全新理解。

通讯系统使用了一个向相反方向成对释放光子的光子源。这个设计利用了光子的偏振特性，即沿着它们所处的电场方向振动。当它们所处的电场沿水平方向（H）或是垂直方向（V）振动时，光子可能发生平面偏振；如果电场沿右螺旋（R）或左螺旋（L）方向振动，光子则可能发生圆偏振。

物理学家很早就知道，这两种偏振方式（平面或者圆）之间是密切相关的。平面偏振光可以用来产生圆偏振光，反之亦然。例如，一束水平偏振光由等量的右旋偏振光和左旋偏振光（L）以特殊的方式组成，同理一束右旋偏振光可以被分解为等量的水平偏振光和垂直偏振光。这对于单个的光子也成立：例如，一个右旋偏振的光子的状态可以被分解为水平偏振和垂直偏振的特殊复合。如果对一个右旋状态的光子测量平面偏振而不是圆偏振，则发现水平偏振状态或垂直偏振状态的概率是相等的，这就是单粒子版本的薛定谔的猫。

在赫尔伯特的假想实验中，假想一名物理学家爱丽丝可以选择测量在她面前经过的光子的平面偏振或圆偏振特性。如果她选择测量平面偏振，她将有相等的概率观测到水平或垂直偏振。如果她选择测量圆偏振，她就有相等的概率得到右旋或左旋偏振。

另外，爱丽丝知道光子源的性质决定了对于她测量的每个光子，有另一个与之纠缠的光子正奔向她的同伴鲍勃。量子纠缠意味着两个光子表现得就像一枚硬币的两面：如果一个被测出处于右旋偏振状态，另一个则必然是左旋偏振；或者如果一个被测出处于水平偏振状态，另一个一定是垂直偏振。根据贝尔定理，光子源使得爱丽丝对偏振性质（平面或圆）测量的选择将立即影响到另一颗光子，也就是向鲍勃的方向移动的光子。如果她选择测量平面偏振并碰巧观测结果为水平偏振状态，那么飞向鲍勃的与之纠缠的光子将立即进入垂直偏振状态。如果她选择了测量圆偏振并且结果为右旋偏振，那么纠缠的光子会立即进入左旋偏振状态。

当第二颗光子在到达鲍勃的探测器前，先进入一个激光增益管。激光器产生的激光和输入信号具有一致的偏振特性，就像教科书里的老生常谈一样。也就是说，激光器会产生一束性质和爱丽丝发现的任何状态互补的的光子。那么鲍勃就可以分离这束激光，把一半输往一个测量平面极化性质的探测器，另一半输往一个测量圆极化性质的探测器。

如果爱丽丝选择了测量圆偏振并正好发现了左旋偏振，那么飞向鲍勃的光子将在进入激光增益管前立即进入右旋偏振状态。激光器将向鲍勃发射一束右旋偏振光子，他接下来要把一半发往平面偏振探测器，另一半发往圆偏振探测器。赫尔伯特推断，在这种情况下，鲍勃会发现一半光子处于右旋偏振状态，没有一个是左旋的，水平偏振和垂直偏振的各占四分之一。一瞬间，鲍勃就可以知道爱丽丝选择了测量圆偏振。爱丽丝的选择——平面或圆偏振——可以起到像莫尔斯电码的点和划一样的作用。只要通过改变对偏振类型测量的选择，她就能向鲍勃发送信号。鲍勃可以用比在他们间传递的光更快的速度破解爱丽丝发送的每一段密码。

　　赫尔伯特的装置实际上并不能实现超光速通信。例如，一颗右旋偏振的光子是以等量的水平偏振和垂直偏振状态复合存在的。每一种隐藏的状态都会被激光器放大，因此输出信号将是两个状态的叠加：一半里所有的光子都是水平偏振，另一半中所有的光子都是垂直偏振，每种状态出现的概率都是 50%。鲍勃永远不可能同时发现半是水平偏振半是垂直偏振的状态，就像物理学家永远不可能在打开盒子的时候发现薛定谔的猫半死半活。因此，鲍勃只会收到一个噪音信号，不管爱丽丝那边做出什么选择。在每一个时刻，鲍勃的探测器会显示水平和右旋，垂直和左旋或者水平和右旋，等等，都是随机的组合。他永远不会得到水平、垂直和右旋的组合，因此他无法得知爱丽丝想给他传递什么信息。毕竟量子纠缠和相关性是可以同时存在的。

　　这个发现随即被称为"量子不可克隆定理"：一个随机或者未知的量子状态不可能在初始状态不受干扰的情况下被复制。这是作为量子理论基石的一个基本命题，在尼克·赫尔伯特和反对者之间开始猫捉老鼠的游戏前，没有人意识到这个量子理论的基本特性。量子力学给所有人的能力设置了界限，包括可能的窃听者，使他们无法捕捉并复制单独的量子粒子，这个事实立即成为了量子加密术的理论基础，在今天它已成为新兴的量子信息科学领域的核心。

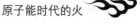

十五、原子能时代的火

从温度来说，原子能利用中所产生的温度要远远高于电气时代所产生的温度，电气时代所产生的最高温度不超过 1 万摄氏度，而原子能时代，能够获得的温度超过了 1 亿 5 千万摄氏度。人类的文明也达到了前所未有的高度。

1. 核武器

(1) 原子弹

煤、石油等矿物燃料燃烧时释放的能量，来自碳、氢、氧的化合反应。 一般化学炸药如梯恩梯（TNT）爆炸时释放的能量，来自化合物的分解反应。在这些化学反应里，碳、氢、氧、氮等原子核都没有变化，只是各个原子之间的组合状态有了变化。核反应与化学反应则不一样。在核裂变或核聚变反应里，参与反应的原子核都转变成其他原子核，原子也发生了变化。

核裂变是一个原子核分裂成几个原子核的变化。只有一些质量非常大的原子核像铀 (U)、钍 (Tu) 等才能发生核裂变。这些原子的原子核在吸收一个中子以后会分裂成两个或更多个质量较小的原子核，同时放出二个到三个中子和很大的能量，又能使别的原子核接着发生核裂变……，使过程持续进行下去，这种过程称作链式反应。原子核在发生核裂变时，释放出巨大的能量

图 146 1945 年美国在长崎投下原子弹爆炸腾起的蘑菇云

称为原子核能，俗称原子能。1 克铀 235 完全发生核裂变后放出的能量相当于燃烧 2.5 吨煤所产生的能量。

核武器爆炸时释放的能量，比只装化学炸药的常规武器要大得多。例如，1 千克铀全部裂变释放的能量约 $8×10^{13}$ 焦耳，比 1 千克梯恩梯（黄色炸药）炸药爆炸释放的能量 $4.19×106$ 焦耳约大 2000 万倍。核武器爆炸释放的总能量，即其威力的大小，常用释放相同能量的梯恩梯炸药量来表示，称为 TNT 当量梯恩梯当量。美、苏等国装备的各种核武器的梯恩梯当量，小的仅 1000 吨，甚至更低；大的达 1000 万吨，甚至更高。原子弹爆炸的温度大约在 5000 万摄氏度。

图 147　氢弹爆炸后的蘑菇云

　　核武器爆炸，不仅释放的能量巨大，而且核反应过程非常迅速，微秒级的时间内即可完成。因此，在核武器爆炸周围不大的范围内形成极高的温度，加热并压缩周围空气使之急速膨胀，产生高压冲击波。地面和空中核爆炸，还会在周围空气中形成火球，发出很强的光辐射。核反应还产生各种射线和放射性物质碎片，向外辐射的强脉冲射线与周围物质相互作用，造成电流的增长和消失过程，其结果又产生电磁脉冲。这些不同于化学炸药爆炸的特征，使核武器具备特有的强冲击波、光辐射、早期核辐射、放射性沾染和核电磁脉冲等杀伤破坏作用。核武器的出现，对现代战争的战略战术产生了重大影响。

(2) 氢弹

原子弹的进一步发展就是氢弹，或称为热核武器。氢弹利用的是某些轻核聚变反应放出的巨大能量。它的装药可以是氘和氚，也可以是氘化锂，这些物质称为热核材料。按单位重量的物质计，核聚变反应放出的能量比裂变反应更多，而且没有所谓临界质量的限制，因而氢弹的爆炸威力更大，一般要比原子弹大几百倍到上千倍。不过热核反应只有在极高的温度（几千万度）下才能进行，而这样高的温度只有在原子弹爆炸时才能产生，因此氢弹必须用原子弹作为点燃热核材料的"雷管"。氢弹爆炸时会放出大量的高能中子，这些高能中子能使铀 238 发生裂变。因此在一般氢弹外面包一层铀238，就能大大提高爆炸威力。这种核弹的爆炸，经历裂变—聚变—裂变三个过程。这时，温度应该会超过 1 亿 5 千万，甚至更高！

还有一种新型核弹，即所谓中子弹。中子弹实际上是一种小型氢弹，只不过这种小型氢弹中裂变的成分非常小，而聚变的成分非常大，因而冲击波和核辐射的效应很弱，但中子流极强。它靠极强的中子流起杀伤作用，据称能做到"杀人而不毁物"。原子弹是用

图 148 氢弹试验

铀制造的，也可以用钚制造，但钚是通过铀而制得的。而氢弹则必须用原子弹来引爆。所以，核武器、热核武器的制造都离不开铀。在今后相当长一个时期内，最重的天然元素之所以重要，首先在于军事上的需要。

(3) 核武器的灾难

目前，世界上有 5 万多个核弹头，约达 200 亿吨 TNT 当量的核武器，一旦发生核战争，地球上会不会出现核冬天呢？这个问题引起五位美国科学家的注意。他们经过一年半的研究，于 1983 年 10 月正式提出"核冬天效应"的理论，从而引起全世界的关注，日本还专门拍摄了《地球冻结》的科幻影片。研究者以美苏使用核武库中 40% 核武器（50 亿吨）在北半球进行核战争为背景建立物理模型，利用公开发表的核武器性能数据建立数学模型，最终得出这样的推论：在一场 50 亿吨当量的核大战中，可将 9.6 亿吨微尘和 2.25 亿吨黑烟掀入空中，射向地球的阳光被这些黑烟的微粒吸收而变热，变热后的黑烟又产生一股上升气流，将黑色微粒子推向 30 公里高的同温层，使臭氧层遭到破坏。这样，整个地球就会变成暗无天日的灰色世界，厚厚的烟云遮盖着天空，终日不散，陆地再也见不到阳光，白天和夜晚难以区分，气温急剧下降，绿色植被冻死，海洋河流冻结，地球生态遭到严重破坏，人类生存条件被毁于一旦。这就是核冬天和核冬天效应所带来的灾难。以前人们虽然对核战有一定的恐惧，但众所周知，美苏两国均拥有可以抵御核袭击的军事基地，因此"相互毁灭"理论并没有绝对的威慑性。而"核冬天"理论的提出，则使人们明白了核战的毁灭效应，没有哪个国家可以储存数百年的食物，没有哪个国家可以在核战袭击后还有干净的空气，没有任何一个人可以在核大战后活下来。

萨根长期从事太空气象研究。早在 1971 年，美国"水手"9 号宇宙探测器进入火星轨道后，发回了火星被其风暴掀起的尘埃所遮盖的照片，就引起了卡尔·萨根的注意，并对这一现象进行了连续 3 个月的跟踪监测。结果发现，升到火星上层大气中的这些尘埃能大量吸收阳光，并使这一层的大气加热，而火星表面则变得黑暗不清，温度很低。1983 年初，当卡尔·萨根从瑞典《环境》杂志上看到"核战争后的大气层：昏暗的中午"论文后，思维豁然开朗，这一问题与他的研究成果相结合，具有重大的潜在意义和深远影响。由于问题重大，他又感到个人力量之不足，于是，他迅速会同美国航天局的另外四位著名科学家：科特，图恩，阿科曼，波拉克，组成小组，利用物理模型，核战争模型，就一场大规模核战争产生的烟云和尘埃对地球大气的影响进行了全面深入的研究。小组五位科学家，经过一年半的努力，初步攻克了这一课题。1983 年 10 月31 日，在华盛顿召开了"核战争以后的世界——关于核战争带来的长期的全球性生物学后果讨论会"。有苏美等近 20 个国家的 500名正式代表参加。与会代表中有科学家、各国的外交使节和官员以及来自美国各地的政府官员、教育学家、环境问题专家、企业界领导人、外交政策制定者和军界头面人物。会上，小组联名宣讲了他们的学术报告，题目是《核冬天：大量核爆炸造成的严重后果》。会议还安排了一个 90 分钟的电视节目，即与由著名的苏联科学家组成的小组进行电视对话。苏联人的研究结果证实了美国科学家的观点。在这个划时代的华盛顿会议之后，又有许多详细的研究工作证实了小组的计算结果是正确的，地球上的生命正面临着核冬天的严重威胁。这篇报告后来公开刊登在美国 1983 年 10 月 23 日出版的《科学》杂志上。

核冬天的影响

在每一个核爆炸地点上空，都会腾起一股巨大的由尘土和烟灰构成的柱状云团。这股云团上升到大气层 5 ～ 10 英里乃至更高的地方，然后沿着水平方向四处扩散，很像暴风雨来临前的"铁钻"

状积雨云，接着又合拢到一块。核打击次日的清晨将没有黎明，中午时分天空仍会一片漆黑，这种黑暗将持续若干星期。在此期间，气温将日复一日地下降。在大陆内地，气温总计可能下降 40℃，这足以变夏日为冬日北极的冰天雪地。至于在沿海地区，例如在英国大部分地区，气温下降会少得多，可能只下降 15℃。这是由于海洋温室效应的缘故。这种黑暗与致命的霜冻，再加上来自放射性尘埃的高剂量辐射，会严重地毁灭地球上这个地区的植物。严寒、高剂量辐射、工业、医疗、运输设施被广泛破坏，再加上食品和农作物的短缺，将会导致因饥荒、辐射和疾病引起的人类大规模死亡。科学家还认为爆炸产生的氮氧化物将破坏臭氧层。科学家已经在热核爆炸实验中观察到了这种此前未曾预料过的效应。臭氧耗尽（以及随之而来的紫外线辐射增加）的次生效应将非常显著，它会对人类多种主要农作物产生影响，也会通过杀死浮游生物而毁坏海洋食物链。

2. 核电站

核电站是用铀、钍等作核燃料，将它在裂变反应中产生的能量转变为电能的发电厂。核电厂主要以反应堆的种类相区别，有压水堆核电厂、沸水堆核电厂、重水堆核电厂、石墨水冷堆核电厂、石墨气冷堆核电厂、高温气冷堆核电厂和快中子增殖堆核电厂等。核电厂由核岛（主要是核蒸汽供应系统）、常规岛（主要是汽轮发动机组）和电厂配套设施三大部分组成。用铀制成的核燃料在一种叫"反应堆"的设备内发生裂变而产生大量热能，再用处于高压力下的水把热能带出，在蒸汽发生器内产生蒸汽，蒸汽推动气轮机带着发电机一起旋转，就会产生电，这些电能通过电网送到四面八方，这就是最普通的压水反应堆核电站的工作原理。

核电厂所有带强放射性的关键设备都安装在反应堆安全壳厂房

图 149 核电站

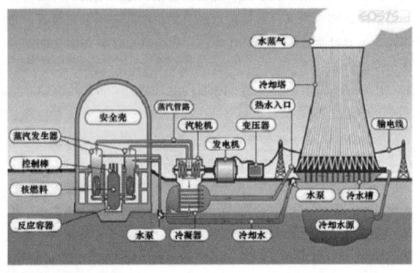

图 150 核电站原理图

内，以便在失水事故或其他严重事故下限制放射性物质外溢。为了保证堆芯核燃料在任何情况下等到冷却而免于烧毁熔化，核电厂设置有多项安全系统。

人类首次实现核能发电是在 1951 年。当年 8 月，美国原子能委员会在爱达荷州一座钠冷块中子增殖实验堆上进行了世界上第一次核能发电实验并获得成功。1954 年，苏联建成了世界上第一座实验核电站，发电功率 5000kW。

截至 2011 年 3 月底，中国已有 6 座核电站 13 台机组投入商业运行，装机容量为 1080.8 万千瓦，正在建造的共 28 台机组，装机容量为 3087 万千瓦。核能发电站有多项安全保障措施和多层安全保障系统，可以较好地控制辐射引发的污染。

截至 2012 年 11 月，全世界核电运行机组共有 437 台，在建机组 64 座。全世界在运行的机组总装机容量达 371,762 兆瓦。

3. 核聚变发电

热核反应，或原子核的聚变反应，是当前很有前途的新能源。参与核反应的氢原子核，如氢（气）、氘、氚、锂等从热运动获得必要的动能而引起的聚变反应（参见核聚变）。热核反应是氢弹爆

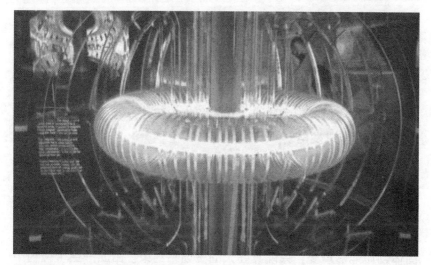

图 151　休斯顿自然科学博物馆核聚变展览

炸的基础，可在瞬间产生大量热能，但尚无法加以利用。如能使热核反应在一定约束区域内，根据人们的意图有控制地产生与进行，即可实现受控热核反应。这正是在进行试验研究的重大课题。受控热核反应是聚变反应堆的基础。聚变反应堆一旦成功，则可能向人类提供最清洁而又取之不尽的能源。

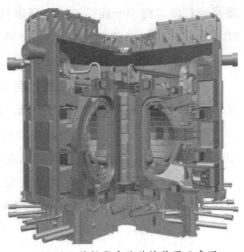

图 152　国际热核聚变试验堆装置示意图

　　冷核聚变是指：在相对低温（甚至常温）下进行的核聚变反应，这种情况是针对自然界已知存在的热核聚变（恒星内部热核反应）而提出的一种概念性"假设"，这种设想将极大地降低反应要求，可以使用更普通而且简单的设备，同时也使聚核反应更安全。

　　最简单的核聚变装置如下：先电解水生成氢气和氧气，再把氢气低温压缩成固态氢，置于厚重的水泥封装中。水泥封装内有动力水、冷却水系统。根据四个氢核聚变一个氦核放热原理，需要陶瓷减速棒。可利用核裂变反应在中心点火。最后核聚变会一直进行，根据热胀冷缩原理核燃料体积会减少，加入融化的减速棒即可。动力水要连接蒸汽轮机用来发电。

　　产生可控核聚变需要的条件非常苛刻。我们的太阳就是靠核聚变反应来给太阳系带来光和热，另外还有巨大的压力能使核聚变正常反应，而地球上没办法获得巨大的压力，只能通过提高温度来弥补，不过这样一来温度要到上亿度才行。核聚变如此高的温度没有一种固体物质能够承受，只能靠强大的磁场来约束。由此产生了磁约束

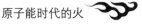

核聚变。对于惯性核聚变，核反应点火也成为问题。不过在 2010 年 2 月 6 日，美国利用高能激光实现核聚变点火所需条件。中国也有"神光 2"将为我国的核聚变进行点火。

核聚变能利用的燃料是氘和氚。氘在海水中大量存在。海水中大约每 6500 个氢原子中就有一个氘原子，海水中氘的总量约 45 万亿吨。每升海水中所含的氘完全聚变所释放的聚变能相当于 300 升汽油燃料的能量。按世界消耗的能量计算，海水中氘的聚变能可用几百亿年。氚可以由锂制造。锂主要有锂 -6 和锂 -7 两种同位素。锂 -6 吸收一个热中子后，可以变成氚并放出能量。锂 -7 要吸收快中子才能变成氚。地球上锂的储量虽比氘少得多，也有两千多亿吨。

可行性较大的可控核聚变反应装置是托卡马克装置。托卡马克是一种利用磁约束来实现受控核聚变的环性容器，最初是由位于苏联莫斯科的库尔恰托夫研究所的阿齐莫维齐等人在 20 世纪 50 年代发明的。托卡马克的中央是一个环形的真空室，外面缠绕着线圈。在通电的时候托卡马克的内部会产生巨大的螺旋形磁场，把其中的等离子体加热到很高的温度，以达到核聚变的目的。中国也有两座核聚变实验装置。

美、法等国在 20 世纪 80 年代中期发起了耗资 46 亿欧元的国际热核实验反应堆（ITER）计划，旨在建立世界上第一个受控热核聚变实验反应堆，为人类输送巨大的清洁能量。

EAST 全超导核聚变试验装置装置是中国耗时 8 年、耗资 2 亿元人民币自主设计、自主建造而成的。

2014 年，美国洛克希德马丁公司宣布，其已在开发一种基于核聚变技术的能源方面取得技术突破，第一个小至可安装在卡车后端的小型反应堆有望在十年内诞生。

核能将是继石油、煤和天然气之后的主要能源。在可以预见的地球上人类生存的时间内，聚变能源的开发，将"一劳永逸"地解决人类的能源需要。六十多年来经科学家们不懈的努力，已在这方面为人类展现出美好的前景。科学家们估计，到 2025 年以后，核聚变发电厂才有可能投入商业运营。2050 年前后，受控核聚变发电会广泛造福人类。

4. 核聚变动力火箭

为了星际旅行，人类必须研制出核聚变动力火箭。传统的化学能火箭不适合进行星际旅行，即便是在太阳系之内的行星际飞行，核动力火箭会提供更快的速度和更强大的能源，也可以解决登陆其他行星时所遇到的能源问题。核聚变火箭会大大缩短深空飞行的时间，为人类充分探索和利用太阳系开辟道路，美国宇航局如今正在研制核动力火箭动力系统，此类发动机会是下一个重大的科技飞跃，可以想象，如果大家能在一两个月之内前往土星，那会是多么美妙的情景。

美国宇航局的专家认为，传统的化学能火箭可以让人类抵达遥远的太阳边缘，但是需要花费更多的时间，比如往返火星的探索之旅，美国宇航局计划表中提到的时间为 2030 年代中期，需要花费大约 500 天的时间，如果大家能加快飞行速度，并配合有效的减速发动机，就可以减少宇航员在空间飞行中受到的辐射剂量，较短的旅程也可以节省食物和水。

美国宇航局和世界各地的研究机构正在研发先进的宇宙飞船推进技术，其中包括只在科幻小说中才能耳闻的"曲速推进"发动机，物质和反物质动力系统等，虽然这些动力系统对现有的航天科技而言显得遥不可及，但是在这个探索过程中可能会有其他重大的发现。除了核动力发动机外，太阳帆技术似乎是如今最容易实现的航天动力，美国宇航局和日本空间机构已经测试了空间太阳帆技术，但空间太阳帆为动力的飞船可能只适合超远距离的空间飞行，其加速过程较为缓慢。

科学家认为核动力火箭是未来一段时间可实现新型宇航动力，而核聚变技术用于宇宙飞船可能还需要很长的路要走，还没有成熟的可控核聚变反应堆，使用核裂变技术研发动力系统或许也是一个途径。尽管过去几十年内已经投入了大量资金研发可控核聚变技术，但依然没有制造出实用化的聚变堆，更不用说短期内作为宇宙飞船的动力系统，格伦斯菲尔德认为，核聚变技术是未来三十年内需要有所突破的宇航动力。人类要想进入更遥远的宇宙深空，动力系统需要进行革命性地突破，地球上的可控核聚变研究应该加快脚步，然后开始测试空间核聚变动力。

十六、未来时代的火

人类从来没有停止过追求更高温度的脚步。更高的温度意味着更多的能源，更多的科学技术的发现和使用，文明的高度将越来越高，没有止境。

1994 年 5 月 27 日，美国新泽西的普林斯顿等离子物理实验室中的托卡马克核聚变反应堆利用氘和氚的等离子混合体创造出 5.1 亿℃温度，约比太阳的中心热 30 倍。

2006 年 5 月 14 日，法国科学家用激光脉冲穿透纯蓝宝石，使材料温度提升的速度快于以往任何一种爆炸，从而刷新了单位时间内温度提升的纪录。在这次实验中，激光脉冲每秒能将材料温度提高 100 亿摄氏度，但目前整个过程还只能维持几个飞秒（1 个飞秒为 1000 万亿分之一秒）。他们说，这种剧烈的加热过程制造出了直径几千分之一毫米的微型火球，其压强达到 10 万亿帕，约是地心压强的 20 倍，形象地说，就相当于数百头大象在一个针尖上跳舞。

2012 年，美国布鲁克海文国家实验室的研究人员创造了一个新的世界纪录—利用人工机器相对论重离子对撞机（简称 RHIC）产生最高温度。在这个试验中，研究人员让金原子核在几近光速的速度进行碰撞。在这种离子碰撞下，原子核中的质子和中子被打破，进而变成更小单位的粒子——夸克和胶子，此时等离子测出来的温度约为4万亿摄氏度，这个温度比太阳中心的温度都还要高上25万倍。如此强大的挤压使温度陡增至50万摄氏度，导致蓝宝石发生爆炸，这一过程与原子弹爆炸的情况差不多。这一成功实验表明科学家现在可以通过使用激光来模拟行星内核的运行状况。

世界是没有尽头的，人类获取最高温度的努力也没有尽头。回望人类从树上下来，开始利用自然火到今天能够操控4万亿摄氏度的温度，时间才过去250万年，时间再过去250万年，对火的控制会是怎样的情景呢？我们明白，在未来，人类必将获得更高的温度、更巨大的能量，具有更强大的能力。

参考文献

［1］威尔·杜兰（美）．世界文明史［M］．台湾幼狮文化公
司翻译．北京：东方出版社，1998.

［2］斯塔夫里阿诺斯（美）．全球通史［M］．上海：上海社会
科学出版社，2001.

［3］丹尼斯等著（美）．李义天等译．世界文明史［M］．北京：
中国人民大学出版社，2011.

［4］武仙竹，李禹阶，刘武．旧石器时代人类用火遗迹的发现
与研究［J/OL］．考古，2010（6）：57-65.

［5］周芳德．走向古都西安［M］．西安：西安交通大学出版社，
2016.